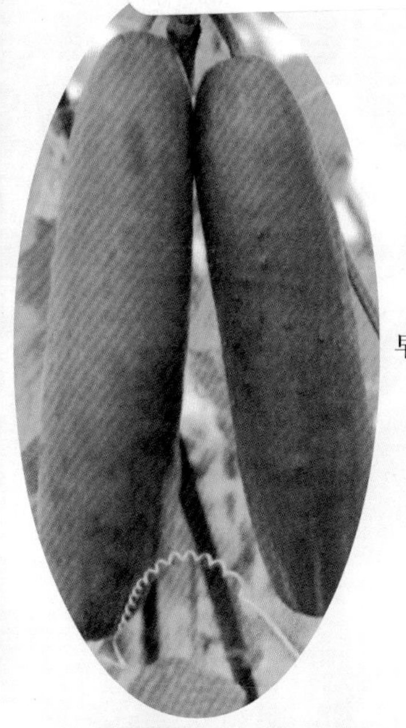

早青 3 号黄瓜

早青 2 号黄瓜

朝优4号黄瓜

朝优 3 号黄瓜

翠绿黄瓜

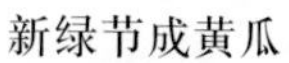

新绿节成黄瓜

津优 20 号黄瓜

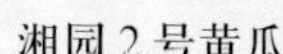

湘园 2 号黄瓜

中农 202 黄瓜

湘园 4 号黄瓜

中农 207 黄瓜

中农 203 黄瓜

中农 208 黄瓜

中农 215 黄瓜

中农 21 号黄瓜

中农 5 号黄瓜

中农 10 号黄瓜

中农 6 号黄瓜

中农 118 号黄瓜

中农 1101 黄瓜

中农 12 号黄瓜

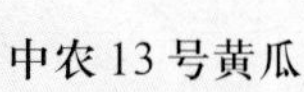

中农 13 号黄瓜

中农 14 号黄瓜

中农 15 号黄瓜

中农 19 号黄瓜

中农 16 号黄瓜

中农 9 号黄瓜

中农 8 号黄瓜

二、冬瓜(节瓜)优良品种

蓉抗1号冬瓜

广东黑皮冬瓜

四季粉皮冬瓜

吉乐冬瓜

泰平冬瓜

细长大冬瓜

一串铃4号冬瓜

黑将军冬瓜

丰乐节瓜

农乐节瓜

4号江心节瓜

粤农节瓜

三、苦瓜优良品种

大肉3号苦瓜

大肉2号苦瓜

碧翠苦瓜

琼1号苦瓜

雪玉苦瓜

湘丰 11 号苦瓜

丰绿 1 号苦瓜

滨江 1 号苦瓜

四、南瓜优良品种

京红栗南瓜

短蔓京绿栗南瓜

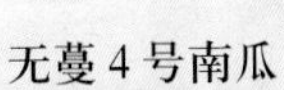

无蔓4号南瓜

蜜本早南瓜

吉祥 1 号南瓜

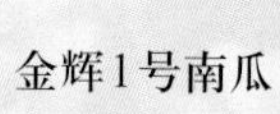

金辉1号南瓜

银辉 1 号南瓜

五、西葫芦优良品种

京葫1号西葫芦

京莹西葫芦

京葫2号西葫芦

京珠西葫芦

玉女西葫芦

金公主西葫芦

一串铃美洲白南瓜

一串铃美洲青南瓜

寒玉西葫芦

长青 1 号西葫芦

长绿西葫芦

中葫 2 号西葫芦

中葫 1 号西葫芦

白玉蝶飞蝶瓜

绿宝石西葫芦

中葫 3 号西葫芦

六、丝瓜优良品种

春帅杂交丝瓜

绿如意肉丝瓜

粤优大肉丝瓜

墨旺丝瓜

雅绿 1 号丝瓜

雅绿 2 号丝瓜

育园 1 号丝瓜

安源肉丝瓜

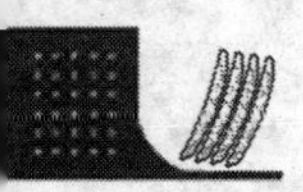

蔬菜良种引种丛书

瓜类蔬菜良种引种指导

GUALEI SHUCAI
LIANGZHONG YINZHONG ZHIDAO

编著者

王长林　王迎杰　张天明
谭永旺　李海东

金盾出版社

内 容 提 要

本书介绍了瓜类蔬菜良种在生产中的重要性、良种标准及种子质量的鉴定与识别、良种引种原则与方法，并从全国范围内遴选出135个黄瓜良种、43个冬瓜（节瓜）良种、54个苦瓜良种、70个南瓜良种、56个西葫芦良种、39个丝瓜良种及9个瓠瓜良种，详尽介绍了这些品种的来源、特征特性、栽培要点、种植地区和供种单位。品种丰富，涵盖面广，先进性、实用性强；文字通俗简练，图文并茂，是指导广大菜农、蔬菜生产单位和基层农业科技人员选择和引进良种的重要实用技术书籍。

图书在版编目(CIP)数据

瓜类蔬菜良种引种指导/王长林等编著．—北京：金盾出版社，2004.5

（蔬菜良种引种丛书）

ISBN 978-7-5082-2924-9

Ⅰ．瓜…　Ⅱ．王…　Ⅲ．瓜类蔬菜-引种　Ⅳ．S642.022

中国版本图书馆CIP数据核字(2004)第027622号

金盾出版社出版、总发行

北京太平路5号(地铁万寿路站往南)

邮政编码:100036　电话:68214039　83219215

传真:68276683　网址:www.jdcbs.cn

彩色印刷:北京精美彩色印刷有限公司

黑白印刷:北京金盾印刷厂

装订:兴浩装订厂

各地新华书店经销

开本:850×1168 1/32　印张:7.625　彩页:20　字数:171千字

2011年5月第1版第4次印刷

印数:20001—30000册　定价:16.00元

序言

自20世纪80年代以来,随着我国国民经济的迅速增长、科学技术的进步和蔬菜产销体制的不断改进,我国的蔬菜产业有了迅猛发展。据统计,2001年我国蔬菜播种面积达到1 630多万公顷,总产量4.8亿余吨,人均占有量为384千克,我国成为世界第一大蔬菜生产国是当之无愧的。全国蔬菜总产值近3 000亿元,占种植业产值的18.5%,出口创汇总值约17亿美元。蔬菜的鲜食和加工产品远销世界120多个国家,成为我国进行农业结构调整和发展创汇农业的重要支柱产业。当前蔬菜产销面临的形势是:消费者对蔬菜产品的需求正处于从数量消费型向质量消费型过渡的历史性转变时期,蔬菜产销体系从"城郊型"向"区域互补型"转移,形成了多层次、多流向、互动式的网状布局态势。在我国加入世界贸易组织(WTO)后,蔬菜产品面临着新的机遇和挑战。面对如此重大的变化,要求蔬菜产业必须依靠技术进步,按照市场要求调整优化蔬菜生产布局和品种结构,培育和发展优势产业和特色产业,稳定地提高蔬菜产业的效益。大力选育和推广蔬菜的优良品种,是实现上述任务的重要技术措施之一。

优良品种是生产优质、高产、高效蔬菜的物质基础。我国国营和民营的育种研究成绩显著,新品种的开发推广工作异常活跃,蔬菜种子产业蓬勃发展,呈现出一派繁荣景象。目前大中城市上市的蔬菜种类有100余种,品种数以千计,仅20世纪80年代以来育成并通过国家或省级农作物品种审定委员会审(认)定的蔬菜新品种就有1000余个,主要蔬菜作物的良种已更新了3~4代,良种覆盖率达90%以上;蔬菜种子行业正向着育繁销一体化的方向迈进。

为指导蔬菜生产者选择适宜的优良品种,发挥优良品种增产增收的潜力,向种子经销部门、技术推广部门和广大生产者提供蔬菜优良品种的有关信息,金盾出版社策划出版了"蔬菜良种引种丛书"。本"丛书"按蔬菜大类分为10个分册,各分册均约请中国农业科学院蔬菜花卉研究所知名专家编著,他们长期从事蔬菜育种和良种推广工作,具有深厚的理论功底和丰富的实践经验。因此,"丛书"既具权威性,又有可操作性。"丛书"向广大读者分别介绍了各类蔬菜的良种标准和鉴定方法,影响种子质量的重要因素,优良品种的名称、特性和栽培技术要点,同时也提供了供种单位及其联系方式,可以帮助大家解决在种植和引种蔬菜良种时遇到的种种疑难问题和困惑。

我衷心希望本"丛书"的出版,能为广大蔬菜种植者和蔬菜种子的经销者带来最新的信息和选用良种时所必备的科技知识,在推动我国的蔬菜产业再创辉煌的进程中发挥积极的作用。

中国工程院院士
中国园艺学会副理事长　方智远

2003年4月

前 言

瓜类蔬菜,是蔬菜大家族中的一类。瓜类蔬菜在蔬菜生产中占有极其重要的地位,在我国的栽培面积非常大。

瓜类蔬菜大部分为喜温性蔬菜。近年来,为了满足人们对瓜类蔬菜周年供应的需求,保护地面积不断发展,许多育种单位相继培育出了大量的适宜保护地生产、耐寒性较强的品种。像黄瓜、西葫芦等瓜类蔬菜,在冬春季保护地生产中占有极其重要的地位。

优良品种在农业生产中具有非常重要的作用,在相同的条件下,优良品种可以获得更高的经济效益,这点已被人们广泛接受。但优良品种是一个相对的概念,只有在一定的地区、一定的季节,加上科学的种植及管理措施,优良品种才能成为真正的优良品种;如果在不适宜该品种生长的地区和季节,或管理不当,原本优良的品种可能就会变成不优良的品种。因此,笔者除了介绍众多优良品种供广大生产者选择外,还介绍了优良品种的引种原则、方法及注意事项,以推动良种引种工作顺利地开展,加速优良品种的普及推广,提高种植者的经济效益。此外,本书还简要介绍了瓜类蔬菜生产的现状及发展趋势、良种引种的意义与作用、良种的标准及种子质量的鉴定与识别等内容,供广大读者参考。

为了便于生产者及时、顺利地引进这些优良品种,本书在介绍品种的同时,注明了品种的供种单位(育成单位)及其通讯地址和电话,以方便读者联系。此外,大部分品种都附上了图片,让读者对于品种的特点先有一个初步的感观上的认识。

需要特别提醒广大读者注意的是，由于目前国家已取消对大部分蔬菜品种的审定制度，一般瓜类蔬菜已不需要审定，新品种可以直接上市销售。这为筛选和推荐优良品种带来了很大的难度。笔者虽然在推荐优良品种及供种单位时，尽量选择在生产上已经过实践检验的品种以及信誉度好、科研实力及经济实力强的单位介绍给生产者，但也很难保证每一个优良品种都能被成功引种。因此，希望广大生产者在引种时，能参照本书所介绍的引种原则和方法，首先要经过小面积的试种，然后再逐渐扩大引种面积，以免造成大的经济损失。如果读者在按照本书介绍的品种进行引种的过程中，发现某一品种的种子质量存在问题，请按照国家有关法律法规的规定，直接追究种子供应单位的经济或法律责任，恕笔者及本书出版单位不承担任何经济及法律方面的责任，请广大读者谅解。

在本书编写过程中，得到了许多省、自治区、直辖市的种子管理部门、种子经营单位、科研单位以及农业院校的大力支持与协助。在此，向他们一并表示衷心的感谢。由于编者水平有限，书中错漏之处在所难免，请广大读者不吝批评指正。

编著者

2004 年 1 月

BAICAILEI SHUCAI LIANGZHONG YINZHONG ZHIDAO

目录

第六章 苦瓜优良品种

第七章 南瓜优良品种

第一章 良种引种在瓜类蔬菜生产中的重要性

一、瓜类蔬菜生产现状与发展趋势

瓜类蔬菜是人们饮食中不可缺少的组成部分。我国的瓜类蔬菜种类不是很多,但品种资源丰富。随着保护地蔬菜生产的发展,大部分瓜类蔬菜已经做到周年供应。

截止 2002 年底,我国仅黄瓜的栽培面积就已经达到 125.3 万公顷,约占全国蔬菜生产面积的 10%,其中保护地栽培面积占 40%以上。目前,南瓜和西葫芦的栽培面积为 70 万公顷左右,冬瓜、丝瓜、苦瓜的栽培面积也很大,其中保护地栽培所占比例也在不断增大。

瓜类蔬菜今后的发展趋势将呈现以下几个特点:

一是保护地栽培面积及加工等专用类型的栽培面积将继续大幅度增长。由于保护地生产的瓜类蔬菜价格相对比较稳定,利润较高,生产者的积极性较大,因此,瓜类蔬菜的保护地栽培面积将进一步增加。随着我国加入世界贸易组织后出口贸易的发展,一些深受国外欢迎的瓜类蔬菜加工产品如黄瓜、南瓜粉、白瓜子等加工产品,出口量将进一步增加,这将大大促进用于加工的黄瓜、南瓜及籽用南瓜等品种的栽培面积的进一步扩大。

二是适宜不同栽培环境、不同栽培目的的新品种将在生产中得到进一步的应用。如适宜保护地生产的抗病、耐低温弱光的新品种,适宜加工的专用型新品种及适宜不同栽培茬口的新品种等,将在生产中得到进一步的推广。

三是对栽培技术的要求将越来越高。随着蔬菜产业化的发展,为了获得更高的经济利益,原来粗放管理的栽培模式将逐步被淘汰,先进的栽培技术和精细的管理模式将在生产中得到广泛的应用。

总之,随着人们对蔬菜从数量消费型向质量消费型的转变及对蔬菜营养品质、风味品质、食用安全等要求的日益提高,瓜类蔬菜必将向着品种多样化、产品优质化及生产无公害化等方向发展。因此,对于广大生产者来讲,积极引进新的优良品种、重视产品质量、改进栽培管理措施,保证生产的无公害化,这是瓜类蔬菜生产中必须遵循的方向。

二、瓜类蔬菜良种引种的意义和作用

优良的瓜类蔬菜品种在提高产量、改进品质、提高抗逆性和抗病性以及增加市场上蔬菜的花色品种、调节周年供应等方面都起着十分重要的作用。在相同的自然环境和栽培条件下,如果选用了优良品种,在不增加劳动力、肥料及其他农业投资的情况下,就可获得更多的优质产品和更高的经济效益。

推广瓜类蔬菜优良品种,可以不断提高产量,提早或延迟产品的成熟期,从而满足蔬菜周年均衡供应的要求。大量瓜类蔬菜优良品种的推广与应用,还可以丰富市场上蔬菜的花色品种,满足人们不断提高的消费需求。一些抗病性较强的瓜类蔬菜优良品种,在生产中均表现出病虫害较轻的特点,这对减少农药的使用、减轻农药残留对环境的污染,从而避免破坏生态平衡,保证人体健康等都具有重要的意义。

当某一地区原有的品种不能适应、满足生产和栽培技术发展的需要时,原有品种就成为阻碍和限制生产进一步发展的因素。为了促进蔬菜生产的可持续发展,需要不断选育或引进新的优良品种来更换原有的品种。而选育一个新的品种往往需要很长时间,这就需要及时引进其他地区(包括国外)的现有优良品种来弥补当地品种上的不足。这样,才能保证当地蔬菜生产顺利、迅速地发展。因此,良种引种工作在整个蔬菜业的发展中占有非常重要的地位。

第二章　瓜类蔬菜良种标准及种子质量的鉴定与识别

一、瓜类蔬菜良种标准

瓜类蔬菜良种的标准包含两方面的内容:一是品种标准;二是种子质量标准。

(一)优良品种应具备的条件

优良的品种应该至少具备以下几个条件中的一个:①丰产性。即在一定的栽培管理条件下,能获得较高的产量,一般要比普通品种增产10%以上。对于早熟品种来说,则要求前期产量要高。②适宜的熟性。对于优良的蔬菜品种,要具备该地区生产所要求的熟性标准。在管理条件较好的情况下,只有生产期和熟性适宜,才能发挥较大的增产潜力,才能获得更高的经济效益。③优质性。即包括外观品质、食用口感品质及营养品质等方面的优质。如果一个品种在外观上表现为美观、整齐,或在食用口感品质上表现为风味突出、口感性好,或在营养品质上具有特殊的营养价值,那么,这个品种的销售价格就会高于普通品种,也就必然会获得更高的经济效益。④抗逆性。即某一品种对不良环境条件的适应能力,主要包括抗旱性、抗寒性、耐热性、耐弱光性及耐盐碱性等。如果一个品种具有较好的抗逆性,那么,在某些不利的环境条件下,这个品种就会获得比普通品种高得多的产量亦即经济效益。⑤抗病性。具有较强抗病性的品种,在病害流行时,也能获得稳定的、高于普通品种的产量;同时还可以减少农药的使用,从而大大提高经济效益。⑥耐贮运性。耐贮藏运输的品种,对保证蔬菜的周年供应、调剂淡旺季的余缺及异地供应能发挥较大的作用。

总之,以上介绍的只是优良品种的一般性概念。其实,优良品种应该是一个相对的概念,它具有一定的时间性和地域性,尤其在消费观念不断转变、消费需求不断趋向多样化的今天,更是如此。一个品种在不同的地区,其优质性表现会出现很大的差异;另外,种植者在生产实践中,也常会遇到增产不增收的情况,那么,从某种意义上讲,在该地区、该时间段内,这一品种就不再是优良品种。如果一定要给"优良品种"下一个定义的话,那么,笔者认为,能给生产者带来最大经济效益的品种就是优良品种。

(二)种子质量的标准

随着种子产业体系的逐步健全和发展,我国对种子质量已经制定了一系列的标准,对部分蔬菜种子的纯度、净度、发芽率及水分含量等均规定了明确的指标(表1,表2),同时根据相应指标,对种子进行了等级划分。根据国家的有关规定和要求,种子经营单位应在种子说明书或包装袋上标注种子的质量指标,并对相应的品种特征特性、栽培要点和注意事项进行简要的概述和说明。对于没有国家标准的,请参照各省、自治区、直辖市制定的地方标准,或参照种子说明书或包装袋上标注的种子质量指标。

表1 黄瓜、南瓜种子质量标准 (单位:%)

名称	级别	纯度不低于	净度不低于	发芽率不低于	水分不高于
黄瓜	原种	99	99	99	8
	一级良种	97	99	98	
	二级良种	95	98	95	
	三级良种	93	97	90	

续表 1

名　称	级　别	纯度不低于	净度不低于	发芽率不低于	水分不高于
南　瓜	原　种	98	99	90	9
	一级良种	95	99	90	
	二级良种	90	98	85	
	三级良种	85	97	80	

注：引自 GB 8079－1987。此标准只适用于常规种子，不适用于杂交种子

表 2　冬瓜种子质量标准　（单位：%）

名　称	级　别	纯度不低于	净度不低于	发芽率不低于	水分不高于
冬　瓜	原　种	98	99	70	9
	良　种	96		60	

注：引自 GB 16715.1－1996。此标准只适用于常规种子，不适用于杂交种子

二、种子质量的鉴定与识别

农业上最大的威胁之一，就是播下的种子没有发挥其生产潜力，不能使需要栽培的品种获得丰收。在种子播下以前，对种子质量进行鉴定与评价，就可以使这种威胁减到最低程度。如果播下的品种质量低劣（如纯度差、发芽率低等），即使给予再优越的栽培条件，也不会获得高产。只有播种优良品种的优良种子，才能为获得高产、稳产和优质奠定坚实的物质基础。因此，掌握种子质量鉴定与识别方法，对蔬菜生产具有重要的意义。

按照国家标准的规定，蔬菜种子质量的鉴定，包含许多方面的内容，但考虑到实用性及可操作性，这里只简要介绍与生产者密切相关的几项指标的鉴定方法，供广大生产者在实践中参考。如果

生产者经过自己的鉴定,发现种子质量存在问题,则要及时向供种单位反映,协商解决办法,必要时还要请有关权威部门对种子进行检验与鉴定。

(一)种子的净度

种子的净度,是指样品中去掉杂质和其他作物种子后,留下的本作物种子的重量占样品总重量的百分数。种子净度低,就会降低种子的利用率,并可能会对种子的贮藏时间造成不利的影响。种子净度的计算公式如下:

$$净度(\%)=\frac{去除杂质和其他作物种子后的样品重量}{样品总重量}\times 100\%$$

(二)种子的发芽率

发芽率是种子质量的一项重要指标,可以简单地定义为每100粒种子中能发芽的种子数所占的比率。在确定种子播种量时,必须以种子发芽率的高低为主要依据。如果发芽率低于国家规定的标准或种子包装袋(说明书)上所标识的标准,则说明该种子质量不合格。

不同种类蔬菜发芽所需要的条件不同,计算发芽率所需的天数也不同。有些种类的种子还具有休眠性,如果在其休眠期内测定发芽率,还需对其进行打破休眠的处理。由于受篇幅所限,本书就不再详细介绍。

(三)品种的真实性与种子纯度

品种的真实性与种子纯度是种子质量的重要标准之一。品种的真实性是指一批种子所属品种与标签、品种说明是否相符合,即是否是品种本身,而不是假种子。品种的真实性要根据品种固有的特异性状来判断。

品种的纯度是指一批种子个体之间在特征特性方面典型一致的程度。种子的纯度鉴定可以通过种子的形态鉴定、幼苗形态鉴定及成株性状鉴定等来完成。

$$纯度(\%)=\frac{样品个体总数-非本品种个体数}{样品个体总数}\times 100\%$$

(四)其他指标

衡量种子质量的指标还包括种子的含水量、种子的健康程度等。

种子的含水量除了影响种子的重量外,主要是影响种子的贮藏时间。含水量高的种子,在贮藏过程中往往容易发霉和降低种子发芽率。种子含水量的测定一般需要有专用的仪器。

种子的健康程度,主要是指种子的完整程度及受病虫害侵染的程度。种子是否完整、是否有明显的虫咬伤口,可以直接用肉眼判断,而种子带病菌的情况及是否被微小的害虫所侵染,则需要采用较为复杂的方法加以检测和鉴定,这里就不再详细叙述。

第三章 瓜类蔬菜良种引种原则与方法

一、引种原则

长期生长在不同地理位置的瓜类蔬菜品种，对于日照、温度、湿度、土壤及降水等条件均具有一定的适应性。因此，在引种时应注意以下几个原则：一是要引进当地生产或市场上急需的品种；二是要尽量从栽培环境条件(温度、光照及湿度等)相似或相近的地区引种；三是尽量引种对环境条件适应能力强的种类或品种；四是引进的种类或品种，必须经过引种试验后才能在生产中大面积推广与应用。

二、引种方法及注意事项

一是确定引种目标。在引种前，要先对本地区的自然气候条件和现有品种存在的问题进行深入的了解，明确要引进什么品种，解决什么问题。

二是了解拟引进品种的特征特性。引进新品种前，要先了解该品种以前在本地是否种植过，如果曾经种植过，则要详细了解该品种在本地的表现，然后决定是否引种。如果该品种从未在本地种植过，则要详细地了解拟引进品种的特征特性，以此来判断拟引进品种在商品性上是否适合本地市场的消费习惯，在生长上能否适应当地的环境及气候条件。

三是进行试种观察。要引进新品种，必须先进行小面积试种，如果试种表现较好，再进行较大面积的试种，最后根据大面积试种的表现情况确定是否引入该品种进行大面积栽培。

总之，引种新品种要谨慎，不能操之过急，要增强预见性，减少盲目性，以避免因引种失误而给生产带来大的损失。

第四章　黄瓜优良品种

1. 北京101黄瓜

【品种来源】 北京市蔬菜研究中心育成的日光温室专用黄瓜一代杂种。2001年通过北京市农作物品种审定委员会审定。

【特征特性】 植株生长势强,根系发达,嫁接亲和力好,雌花节率高。刺瘤较稀,瓜条顺直、棒状,无明显黄线;瓜长28~30厘米,瓜把短,果肉绿白色。质脆,味甜,品质优。抗枯萎病、角斑病,耐霜霉病及白粉病。每667平方米产量7500千克以上。

【栽培要点】 北京地区冬日光温室及冬温室可在9月下旬至10月上中旬播种,春温室播期为12月中上旬至翌年1月中旬,苗龄30天左右。可采用嫁接育苗。施足底肥。每667平方米定植3000株左右。注意防治病虫害。及时采收。

【种植地区】 适宜"三北"地区及华东地区日光温室种植。

【供种单位】 北京京研益农种苗技术中心。地址:北京市2443信箱种苗中心。邮编:100089。电话:010—88433419。

2. 北京102黄瓜

【品种来源】 北京市蔬菜研究中心育成的日光温室专用黄瓜一代杂种。

【特征特性】 植株生长势强,根系发达,嫁接亲和力好,耐低温弱光。全雌型,单性结实能力强。刺密,瓜条顺直、棒状,无明显黄线;瓜长28~30厘米,瓜把短,果肉绿白色。质脆,味甜,品质优。抗霜霉病和白粉病能力强于长春密刺。每667平方米产量10000千克以上。

栽培要点、种植地区和供种单位同北京101黄瓜。

3. 北京201黄瓜

【品种来源】 北京市蔬菜研究中心育成。

【特征特性】 早熟。植株生长势较强。以主蔓结瓜为主。第一雌花节位为第四至第五节,以后每隔2节左右出现一雌花。单性结实能力强,发育速度快。瓜长30～35厘米,瓜色绿,刺瘤明显,白刺,瓜把长度适中。质脆,味甘甜,香味浓,外观和食用品质均好。抗霜霉病、白粉病和枯萎病能力强。每667平方米产量7500千克左右。

【栽培要点】 苗龄以30～35天为宜。施足底肥,结瓜期及时追肥。

【种植地区】 适宜北京市等地春大棚栽培。

【供种单位】 同北京101黄瓜。

4. 北京202黄瓜

【品种来源】 北京市蔬菜研究中心育成。

【特征特性】 植株生长势强,以主蔓结瓜为主。第一雌花节位为第三至第四节,以后每隔2～3节出现一雌花。单性结实能力强,春大棚栽培早熟性好,秋大棚栽培从播种到收获约需40天。抗霜霉病、白粉病和枯萎病能力强。瓜长30～35厘米,深绿色,刺瘤及瓜把适中,刺白色。质脆,味甘甜,香味浓,外观和食用品质均好。每667平方米产量7500千克左右。

【栽培要点】 同北京201黄瓜。

【种植地区】 适宜北京市等地春秋大棚及秋延后大棚、春秋露地栽培。

【供种单位】 同北京101黄瓜。

5. 北京401黄瓜

【品种来源】 北京市蔬菜研究中心育成。

【特征特性】 植株生长势强，节间较短，以主蔓结瓜为主。抗霜霉病和白粉病能力强。早春栽培，主蔓第四至第五节出现第一雌花，以后每隔2～3片真叶出现一雌花。夏秋播种后40天左右开始采收商品瓜。瓜长30～35厘米，瓜色深绿、有光泽，棱和刺瘤不明显，白刺。外观和品质均好。每667平方米产量7 500千克左右。

【栽培要点】 一般栽培密度为每667平方米4 000～4 500株。

【种植地区】 适宜北京市等地春秋露地栽培。

【供种单位】 同北京101黄瓜。

6. 春光2号黄瓜

【品种来源】 北京裕农蔬菜园艺研究所育成。2001年通过北京市农作物品种审定委员会审定。

【特征特性】 低温生长性能好，耐短弱光照，能在12℃～16℃偏低夜温下生长。瓜长20～22厘米，瓜把长2厘米，瓜粗4～5厘米，棒状。整齐度高，瓜面光滑，皮色鲜绿。瓜肉厚，皮薄，种腔小，质脆，口感香甜爽口。为宜鲜食的水果型黄瓜。对枯萎病、角斑病、霜霉病和黑星病等有较强的抗性。每667平方米产量可达5 000千克以上。

【栽培要点】 该品种耐寒不耐热，不适于露地条件下栽培。温室栽培适宜苗龄30天，大棚栽培苗龄45～54天。每667平方米种植4 000～4 500株。施足基肥，结瓜期需不断追肥。摘除第四至第五节以下雌花，瓜条达到商品成熟时应及时采收。

【种植地区】 适宜北京市保护地种植。

【供种单位】 北京裕农蔬菜园艺研究所。地址：北京市海淀区圆明园西路2号中国农业大学科学园区内。邮编:100094。

7. 裕密4号黄瓜

【品种来源】 北京裕农蔬菜园艺研究所育成。2001年通过北京市农作物品种审定委员会审定。

【特征特性】 低温生长性能好,耐短弱光照。以主蔓结瓜为主。雌花节率高,有时一节出现2个瓜。瓜长25~30厘米,瓜把极短,刺瘤较密,皮色深绿。平均单瓜重150~200克。瓜形整齐,质脆味甜,品质好。生态适应性及抗逆、抗病性较强。每667平方米产量4200~4500千克。

【栽培要点】 适宜苗龄34~45天,3叶1心至4叶1心定植,每667平方米定植3500~4000株。根据秧情及坐瓜数,瓜条达到商品成熟时应及时采摘,以免影响其他小瓜的生长。对霜霉病有较强耐病性,但在病害多发季节仍需注意控制发病条件,以防为主,及时防治。

【种植地区】 适宜北京地区冬春保护地种植。

【供种单位】 同春光2号黄瓜。

8. 裕优3号黄瓜

【品种来源】 北京裕农蔬菜园艺研究所育成。2001年通过北京市农作物品种审定委员会审定。

【特征特性】 耐低温、耐弱光性能好。营养生长和生殖生长平衡适中。主蔓第一雌花节位在第四至第五节,雌花节率高。不易化瓜,可多条瓜同时生长。瓜长30~35厘米,单瓜重200~300克。瓜条直,瓜把极短,瓜腔小,口感甜脆;刺瘤较密,皮色鲜绿一致,富有光泽,瓜头无明显黄线。抗逆、抗病性较强。每667平方米产量可达7500千克左右。

【栽培要点】 耐寒不耐热,注意选择适宜的播种期。每667

平方米种植3800～4000株。植株早期生长势适中，根瓜发育好。根瓜收获后植株越长越旺，适于一茬到底的长季节栽培。中后期瓜条生长迅速，可多条瓜同时生长，产量集中。在整个生长期要注意加强肥水，适时采收。在病虫害多发季节，注意及时防治。

【种植地区】 适宜北京市秋冬或冬春保护地栽培。

【供种单位】 同春光2号黄瓜。

9. 清白早黄瓜

【品种来源】 四川省成都市地方品种。

【特征特性】 植株长势较强，以主蔓结瓜为主，中后期侧蔓可结回头瓜。第一雌花着生在第二至第三节，第四节以上几乎节节有瓜。坐果性好，1株能同时坐4～8条瓜。瓜绿色，略带白条，刺稀，瓜长30厘米左右。根瓜短，腰瓜长。单瓜重300克左右。耐寒，早熟，较抗病。每667平方米产量4000千克以上。

【栽培要点】 四川省早春露地小拱棚覆盖栽培，于2月上中旬采用温床育苗，3月上中旬定植。每667平方米施腐熟农家肥2500千克左右，草木灰50千克。按1.3米宽做畦，在畦中间沟施三元复合肥100千克。每畦栽2行，株距43～53厘米，每667平方米栽2000株左右。定植1周后，根据天气情况，揭膜通风，气温升高后撤去小拱棚，及时追肥搭架。在盛果期一般采收2～3次后追肥1次，追肥以速效肥为主。采收中后期注意防治霜霉病。

【种植地区】 适宜四川等省早春露地及保护地栽培。

【供种单位】 成都市第一农业科学研究所。地址：四川省成都市青羊宫望仙村1号。邮编：610072。电话：028—87014652。

10. 二早子黄瓜

【品种来源】 四川省地方品种。

【特征特性】 夏季早熟品种。植株蔓生，分枝性强，第一雌花着生于主蔓第三至第四节，生育期 60～70 天。瓜长圆筒形，长约 30 厘米，横径 4～6 厘米。瓜皮绿白色，有绿色纵条纹，瓜柄处绿色，刺瘤稀少，果肉淡绿。单瓜重 500 克左右。质细味甜。每 667 平方米产嫩瓜 2 000～2 500 千克。

【栽培要点】 施足底肥，结瓜期及时追肥，及时采收。

【种植地区】 适宜四川省等地夏季种植。

【供种单位】 成都市种子总公司。地址：四川省成都市簧门街 79 号。邮编：610041。电话：028—88551002。

11. 新选白丝条黄瓜

【品种来源】 四川省地方品种。

【特征特性】 早中熟。主蔓结瓜，第一雌花着生于主蔓第三至第四节。瓜长圆筒形，长约 30 厘米，横径 4～5 厘米。果皮乳白色，有较细的浅绿色纵条纹。单瓜重 350～450 克。每 667 平方米产鲜瓜 4 000～5 000 千克。

【栽培要点】 同二早子黄瓜。

【种植地区】 适宜四川省等地种植。

【供种单位】 同二早子黄瓜。

12. 夏丰 1 号黄瓜

【品种来源】 大连市农业科学研究所育成。

【特征特性】 中早熟，生长势强。第一雌花多着生于主蔓第五节左右。瓜皮深绿色，瓜长 35～40 厘米。刺白色。抗霜霉病和白粉病，抗热、耐肥。大连市晚春、初夏播种每 667 平方米产量 7 000～9 000 千克；秋播产量 3 000～4 000 千克。

【栽培要点】 适时播种。每 667 平方米定植 4 300 株左右。生育温度适宜范围 10℃～35℃。盛瓜期注意多追肥。注意防治枯萎病。适宜晚春和夏秋露地栽培。

【种植地区】 适宜辽宁省南部及与其生态条件相似的地区。

【供种单位】 大连市农业科学研究所。地址:辽宁省大连市甘井子区英城子镇沙岗子。邮编:116036。电话:0411—6691532。

13. 早丰3号黄瓜

【品种来源】 大连市农业科学研究所育成。

【特征特性】 早熟,生长势强。第一雌花多着生于主蔓第三节左右。无棱,白刺。瓜长35厘米左右。较耐寒,较抗枯萎病和角斑病。对短日照、低夜温极敏感。每667平方米产量6000千克左右。

【栽培要点】 大连市早春露地种植苗龄35天左右,大棚种植苗龄40～45天。施足底肥,结瓜期加强肥水管理。

【种植地区】 适宜大连市等地越冬及早春保护地栽培。

【供种单位】 同夏丰1号黄瓜。

14. 早丰1号黄瓜

【品种来源】 大连市农业科学研究所育成。

【特征特性】 生长势强。第一雌花多着生于主蔓第三节左右。瓜皮深绿色,蒂部有10条黄绿色小条纹,无棱,瘤稀中等大小,黑刺。瓜长31厘米左右。较耐寒,较抗霜霉病、白粉病和枯萎病。对短日照、低夜温极敏感。每667平方米产量6000千克左右。

【栽培要点】 大连市早春露地种植苗龄28天左右,小拱棚35天左右,大棚为40～45天。苗龄不宜过长。用低夜温炼苗,不宜控水蹲苗,以防老化及雌花封顶。施足底肥,结瓜期加强肥水管理。露地定植株行距25厘米×55厘米,大棚定植株行距15厘米×90厘米。

【种植地区】 适宜大连市等地早春露地栽培,也可进行小拱棚及大棚栽培。

【供种单位】 同夏丰1号黄瓜。

15. 甘丰8号黄瓜

【品种来源】 甘肃省农科院蔬菜研究所育成的保护地用一代杂种。1999年通过甘肃省农作物品种审定委员会审定。

【特征特性】 植株生长势较强,茎粗,叶绿,有分枝。以主蔓结瓜为主,第一雌花着生在第二至第三节。节节有瓜,回头瓜多,瓜条生长速度快。瓜条长棒状,深绿色,棱刺明显,瘤大,刺密,腰瓜长33厘米。单瓜重230克。果形指数8.1。瓜条顺直,畸形果率6.4%。耐弱光照,耐低温,在夜温为8℃～13℃下能正常生长。高抗枯萎病,较抗霜霉病和细菌性角斑病。

【栽培要点】 甘肃省中部及河西走廊地区日光温室栽培9月中旬播种,10月下旬定植。日光温室栽培,宽行距80厘米,窄行距50厘米,株距30厘米;塑料大棚栽培,宽行距70厘米,窄行距50厘米,株距28～30厘米。每667平方米保苗3400～3600株。施足底肥,结瓜期及时追肥,及时采收。

【种植地区】 适宜甘肃省各地日光温室冬春茬、早春茬和塑料大棚早春茬种植。

【供种单位】 甘肃省农科院蔬菜研究所。地址:甘肃省兰州市安宁区刘家堡。邮编:730070。电话:0931—7614722。

16. 金山黄瓜

【品种来源】 广东省农科院蔬菜研究所育成。

【特征特性】 植株生长势较旺盛,产量高。果实采收时皮色金黄,瓜长约34厘米。单瓜重1.5千克左右。味清甜。一般每667平方米产量4000千克。

【栽培要点】 应施足底肥,及时追肥。以采收成熟瓜为主。

【种植地区】 适宜华南等地种植。

【供种单位】 广东省农科院蔬菜研究所。地址:广州市天河区五山路。邮编:510640,电话:020—38469591。

17. 绿珍1号黄瓜

【品种来源】 广东省农科院蔬菜研究所育成。

【特征特性】 植株生长旺盛。耐低温弱光。单性结果率达100%。商品瓜匀称、美观,皮色深绿、有光泽。瓜长35厘米,横径4厘米。肉厚,肉质脆嫩,味甜,品质佳。早熟,产量高,每667平方米产量3000~4000千克。也适合收小青瓜。

【栽培要点】 施足底肥,及时追肥和采收。

【种植地区】 适宜华南地区保护地栽培。

【供种单位】 同金山黄瓜。

18. 夏青4号黄瓜

【品种来源】 广东省农科院蔬菜研究所育成。

【特征特性】 单瓜重250克左右。瓜长约21厘米,横径约4.4厘米。肉厚,皮色深绿,外形美观。耐热性强,抗枯萎病、细菌性角斑病、炭疽病和白粉病。每667平方米产量3500千克左右。

【栽培要点】 广东省3~8月均可播种种植。

【种植地区】 适宜广东省等地种植。

【供种单位】 同金山黄瓜。

19. 粤秀2号黄瓜

【品种来源】 广东省农科院蔬菜研究所育成。2000年通过广东省农作物品种审定委员会审定。

【特征特性】 植株生长旺盛,以主蔓结瓜为主,结瓜早。瓜呈长棒形,匀称,外形美观,刺密瘤小,皮色深绿、有光泽。瓜长33~

38厘米。单瓜重300克。肉厚,味甜脆嫩,商品性好。早熟,抗疫病、炭疽病和白粉病等多种病害。从播种至初收52天。每667平方米产量3000～4000千克。

【栽培要点】 施足底肥,适时追肥,及时采收。

【种植地区】 全国各地。

【供种单位】 同金山黄瓜。

20. 粤秀1号黄瓜

【品种来源】 广东省农科院蔬菜研究所育成。2000年通过广东省农作物品种审定委员会审定。

【特征特性】 早熟。单瓜重300克。瓜长35厘米,横径3.8厘米。瓜条匀称、美观,商品性好。白刺,刺瘤明显。优质,耐贮运。抗逆性强。每667平方米产量3000～4000千克。

【栽培要点】 广东省春季播种至初收56天,夏秋播种约33天。

【种植地区】 适宜广东省等地种植。

【供种单位】 同金山黄瓜。

21. 早青2号黄瓜

【品种来源】 广东省农科院蔬菜研究所育成。1998年通过广东省农作物品种审定委员会审定。

【特征特性】 单瓜重230克,瓜长21厘米,横径5厘米。耐贮运。抗逆性强,抗枯萎病、疫病和炭疽病,耐病毒病。每667平方米产量约3500千克。

【栽培要点】 广州市适播期1～3月和7～8月,播种至初收53天。

【种植地区】 适宜广东省等地种植。

【供种单位】 同金山黄瓜。

22. 早青 3 号黄瓜

【品种来源】 广东省农科院蔬菜研究所育成。

【特征特性】 单瓜重 220 克,瓜长 22 厘米,横径 4.5 厘米。肉厚,皮色深绿有光泽,外形美观,肉质脆,品质好。耐贮运。每 667 平方米产量 3 500 ~ 4 000 千克。

【栽培要点】 广州市春季于 1 ~ 3 月播种。

【种植地区】 适宜广东省等地种植。

【供种单位】 同金山黄瓜。

23. 渝杂黄 4 号黄瓜

【品种来源】 重庆市农业科学研究所育成。

【特征特性】 第一雌花着生于第五至第六节,成瓜性好。瓜长 32 ~ 35 厘米,单瓜重 250 克左右。瓜色深绿,均匀,刺瘤明显,口感嫩脆。耐热,抗霜霉病、白粉病。春季种植每 667 平方米产量 4 000 ~ 5 000 千克,秋季 2 000 ~ 2 500 千克。

【栽培要点】 重庆市春季种植于 2 月下旬至 3 月上旬播种,秋季种植于 6 月下旬至 7 月上旬播种。春播苗龄 25 ~ 30 天,秋播苗龄 7 ~ 15 天。每 667 平方米种 1 800 ~ 2 000 穴,每穴 2 株。施足底肥,结瓜期及时追肥。

【种植地区】 适宜重庆等地春秋露地栽培。

【供种单位】 重庆市农业科学研究所。地址:重庆市南萍东路 5 号。邮编:400060。电话:023—62554810。

24. 夏秋王黄瓜

【品种来源】 河北省农科院蔬菜花卉研究所育成。

【特征特性】 生长势强,分枝多,主蔓侧蔓同时结瓜。瓜长 30 厘米左右,单瓜重 200 ~ 300 克。抗病,耐热。

【栽培要点】 河北省中南部春季3月上中旬育苗,4月中下旬定植;夏季7月上旬播种,高畦直播为好。每667平方米定植3000~3500株。定植后,加强中耕蹲苗,防止徒长。注意整枝,侧枝见瓜后可留2片叶摘心。每667平方米用种量,育苗的需150克左右,直播的需250克左右。

【种植地区】 适宜华北等地露地种植。

【供种单位】 河北省农科院蔬菜花卉研究所。地址:河北省石家庄市和平西路598号。邮编:050051。电话:0311—7823030。

25. 早春2号黄瓜

【品种来源】 河北省农科院蔬菜花卉研究所育成。

【特征特性】 早熟,以主蔓结瓜为主。回头瓜多,第一雌花着生于主蔓第三至第五节。瓜长棒形,深绿色,长30~40厘米,横径约3.5厘米,单瓜重250克以上。刺白、瘤多,瓜把短,商品性好。抗白粉病、角斑病。每667平方米产量6000千克左右。

【栽培要点】 河北省中南部大棚栽培一般2月中旬育苗,3月下旬定植;春露地3月中旬育苗,4月下旬定植。施足底肥,一般每667平方米定植3500~4000株。在根瓜坐住前适当蹲苗,结瓜期加强肥水管理。注意及时采收。育苗每667平方米用种量150克左右。

【种植地区】 适宜华北等地早春大小棚种植,也可春露地种植。

【供种单位】 同夏秋王黄瓜。

26. 早春1号黄瓜

【品种来源】 河北省农科院蔬菜花卉研究所育成。

【特征特性】 极早熟。第一雌花着生于主蔓第三至第四节,以主蔓结瓜为主,有侧枝,回头瓜多。瓜长棒形,深绿色,长35~

40厘米,单瓜重250克以上。商品性好。抗白粉病、角斑病。每667平方米产量5 000千克左右。

【栽培要点】 河北省中南部地区大棚栽培一般2月中旬育苗,3月下旬定植,苗龄35天左右。施足底肥,结瓜期勤追肥,及时采收。一般每667平方米定植4 000株。注意防治霜霉病。育苗每667平方米用种量150克左右。

【种植地区】 适宜华北等地早春大小棚种植。

【供种单位】 同夏秋王黄瓜。

27. 圣斗士黄瓜

【品种来源】 由法国引进。

【特征特性】 中熟。生长势强,以主蔓结瓜为主。瓜皮深绿色,有光泽,长33厘米左右,刺较密,瓜瘤显著。瓜条整齐一致,果面无黄筋,瓜把短,果肉厚,心腔小,果肉浅绿色,口感好。高抗霜霉病、白粉病和枯萎病。每667平方米产量5 500千克左右。

【栽培要点】 每667平方米定植3 200株左右。适期播种,以基肥为主,中后期及时追肥。采瓜盛期应每7天追肥1次。

【种植地区】 适宜河北省等地春秋露地栽培。

【供种单位】 河北省邢台市北方甘蓝研究所。地址:河北省邢台市新兴东大街201号。邮编:054001。电话:0319—3196360。

28. 挑战者黄瓜

【品种来源】 从国外引进。

【特征特性】 早熟,生长势强。第一雌花着生于第四节。瓜条顺直,刺瘤少而小,亮绿色,光泽明显,瓜头无黄线,瓜顶无尖头,外观漂亮。果肉浅绿色,肉厚心腔小,口感脆嫩,微甜无涩味。耐高温,抗病毒病、枯萎病和白粉病等多种病害。

【栽培要点】 每667平方米定植3 200株左右。适期播种。

供应充足的水肥，采瓜盛期一般应每7天施肥1次。

【种植地区】 适宜河北省等地春夏秋露地栽培及春季大棚栽培。

【供种单位】 同圣斗士黄瓜。

29. 豫园新秀2号黄瓜

【品种来源】 河南省农科院园艺研究所育成。

【特征特性】 瓜长棒形，皮色深绿，刺密，无黄色纵条纹。瓜长35厘米左右，横径3.5厘米左右，心腔小。单瓜重200克左右。瓜把短，瓜条顺直，商品性状好。味清香，品质优良。抗病能力强，高抗黄瓜枯萎病、白粉病、霜霉病和炭疽病等。

【栽培要点】 河南省春露地栽培于4月中旬直播。覆盖地膜栽培于3月中旬在小拱棚中育苗，4月下旬定植。

【种植地区】 适宜河南省等地露地春早熟栽培。

【供种单位】 河南省农科院园艺研究所。地址：河南省郑州市农业路1号。邮编：450002。电话：0371—5713880，5646646。

30. 豫园新秀黄瓜

【品种来源】 河南省农科院园艺研究所育成。

【特征特性】 瓜长棒形，皮色深绿，无棱，瘤小，刺密，无黄色纵条纹。瓜长30厘米左右，单瓜重200克左右。瓜把短于商品瓜长的1/7，心腔小于横径的1/2，瓜条顺直，商品性状好。味清香，无苦涩味，品质优良。抗病能力强，高抗黄瓜枯萎病、白粉病、霜霉病和炭疽病等。

【栽培要点】 河南省春露地栽培于4月中旬直播，秋季露地栽培于7月中下旬播种，大棚延后栽培于8月上中旬播种。

【种植地区】 适宜河南省等地露地春早熟及秋延后栽培。

【供种单位】 同豫园新秀2号黄瓜。

31. 新世纪黄瓜

【品种来源】 河南农业大学林学园艺学院育成。

【特征特性】 生长势强,主侧蔓均可结瓜。瓜码密,回头瓜多。瓜条顺直,弯瓜少,瓜条长且瓜把短,瓜条深绿色,有光泽,刺密,品质好,商品性佳。耐低温弱光。抗枯萎病、霜霉病和白粉病能力较强。

【栽培要点】 多施有机肥。结瓜盛期夜间最低温度不能低于11℃。种植密度要稀于山东密刺、长春密刺。

【种植地区】 适宜河南、山东、河北等省保护地栽培。

【供种单位】 河南豫艺种业科技发展有限公司。地址:河南省郑州市文化路95号河南农大豫艺种业(农大院内2号楼)。邮编:450002。电话:0371—3960017,3941721。

32. 291黄瓜

【品种来源】 黑龙江省农科院园艺分院蔬菜研究所育成的极早熟旱黄瓜新品系。

【特征特性】 植株生长势强,分枝力中等。主蔓第三至第五节开始结瓜,侧蔓也可结瓜。连续结瓜性好,回头瓜多。从播种至采收42天左右。瓜条生长速度快,短棒形,整齐度好。瓜长20~22厘米,横径3.5厘米,瓜色嫩绿,白刺,刺瘤稀少,极耐老化。口感好,甜脆适口,清香味浓。抗霜霉病、角斑病和枯萎病。前期产量高,每667平方米产量3500~4000千克。

【栽培要点】 哈尔滨市采用单层薄膜覆盖栽培,于3月下旬至4月初播种育苗,4月20日左右定植。定植前施足底肥。定植株距20厘米,行距80厘米,覆盖地膜。每667平方米栽苗4000株左右。缓苗后及采收期要及时追肥。幼苗6~7片真叶后,及时搭架或吊绳绑蔓,侧蔓留1瓜1叶摘心。主蔓长到架顶、植株达

23~25片真叶时摘心或放蔓。

【种植地区】 适宜黑龙江省各地区春露地、春大棚及小拱棚早熟栽培。

【供种单位】 黑龙江省农科院园艺分院蔬菜研究所。地址:哈尔滨市哈平路义发源。邮编:150069。电话:0451—6636324。

33. 华早2号黄瓜

【品种来源】 华中农业大学园艺学院育成的一代杂种。

【特征特性】 早熟,以主蔓结瓜为主。主蔓第二至第三节出现第一雌花,有时一节可同时出现2朵雌花。生长势强,结果力强。春播60天左右采收商品瓜,夏播38~40天可采收商品瓜。瓜条端直,瓜皮油绿色,白刺,瓜长30~35厘米,单瓜重200~250克。较抗霜霉病、白粉病和病毒病。一般每667平方米产量5000千克左右。

【栽培要点】 武汉市早春大棚栽培于1月中下旬育苗,2月下旬定植,每667平方米栽苗4000株。深沟高畦栽培,施足底肥,及时整枝绑蔓,及时采收根瓜。采收后期注意追施速效氮肥。注意防治病虫害。

【种植地区】 适宜北方温室及长江流域地区春秋两季栽培。

【供种单位】 湖北省咸宁市蔬菜科技中心。地址:湖北省咸宁市咸安区西河桥18号。邮编:437000。电话:0715—8325210,8277211。

34. 绿王黄瓜

【品种来源】 从国外引进的品种。

【特征特性】 植株生长势强,侧枝发生率高,为主侧蔓结瓜兼用型。第一雌花着生于第三至第四节,雌花节率80%左右。叶中等大小,深绿色。瓜圆棒形,瓜色深绿,无棱,无瘤,刺稀少、白色。

瓜长22～25厘米，单瓜重150克左右，口感甜脆。瓜条生长速度快，耐热、耐寒能力强，高抗霜霉病，中抗枯萎病，对日照长度不敏感，适于各季节种植。一般每667平方米产量8 000～10 000千克。

【栽培要点】 种植行距60厘米，株距30～35厘米。及时采收，结瓜期要保证肥水供应。保护地种植须嫁接。

【种植地区】 适宜南北方地区露地种植。

【供种单位】 葫芦岛市绿隆种苗有限公司。地址：辽宁省葫芦岛市兴城双树老和台。邮编：125101。电话：0429—5891550。

35. 吉农4号黄瓜

【品种来源】 吉林农业大学农学院育成的一代杂种。1999年3月通过吉林省农作物品种审定委员会审定。

【特征特性】 植株生长势中强，叶绿色。第一雌花着生于主蔓第三至第四节。果实浅绿色，长棒形，无刺瘤。单瓜重150～200克。单株结瓜6～8条。生育期75天左右，属早熟品种。肉质脆嫩，品质和口感佳。每667平方米平均产量2 600千克左右。

【栽培要点】 吉林省露地春夏栽培可于4月上中旬播种育苗，苗龄30～40天，5月中下旬定植，株距30厘米，行距60厘米，支架栽培。定植前施足底肥，结瓜前期早追肥。适时灌水和整枝绑蔓，注意防治病虫害。及时采收。

【种植地区】 适宜吉林省等地区露地种植。

【供种单位】 吉林农业大学农学院。地址：吉林省长春市。邮编：130118。

36. 园丰5号黄瓜

【品种来源】 吉林市农科院园艺所育成的早春保护地栽培专用黄瓜品种。

【特征特性】 植株生长势中等，节间短，分枝性中等，叶片绿。

主蔓第三至第四节开始结瓜。瓜码密,雌花节率高,回头瓜多。商品瓜绿色,长棒形,刺瘤小而多,刺白色,中短把。瓜长40厘米左右,单瓜重300克左右。外观商品性好,质地脆嫩,品质好。早熟,从定植至商品瓜采收需20天左右。抗枯萎病,较抗霜霉病,耐寒、耐热性较强。喜肥。

【栽培要点】 吉林省一般在2月上中旬播种,3月下旬至4月中旬定植。在早春日光温室或大棚栽培,苗龄为45~50天。定植前施足底肥。当大棚(温室)内气温达到7℃~8℃、地温1周内稳定在12℃以上时进行定植。实行单行栽植时的行株距为100厘米×24厘米;实行双行(大小行)栽植时,大行距90厘米,小行距50厘米,株距均为24厘米。生育期间要及时灌水追肥,加强病虫害防治,并随时注意室内温湿度的变化情况,采取通风措施调节温湿度。

【种植地区】 适于吉林省等地早春保护地栽培。

【供种单位】 吉林市农科院园艺所。地址:吉林市九站街农研西路1号。邮编:132101。

37. 鲁黄瓜11号

【品种来源】 原名济杂1号。山东省济南市农业科学研究所育成。

【特征特性】 植株生长势强,中高秧,茎、叶略小。主蔓结瓜,第一雌花着生在第二至第三节,雌花节率70%。瓜码密,坐瓜多。瓜条长棒形,长30~35厘米,横径3~4厘米,单瓜重200克左右。短把,瓜皮深绿色,瘤密,白刺,皮薄,肉厚质脆,品质佳。早熟性好。前期产量高,每667平方米产量达5 000千克以上。较耐低温,耐热,抗霜霉病、白粉病及枯萎病。

【栽培要点】 济南市春大棚栽培,一般于2月中旬育苗,3月中下旬定植,每667平方米栽5 000~5 500株。育苗床土要肥沃,苗期不能缺水,出苗后20天要喷小水,30天后要往苗床土坨缝处灌水,以促秧苗旺盛生长。不蹲苗,否则易出现花打顶。结瓜期要有较大的温差,白天最适温为28℃~33℃,夜间为13℃~16℃。采瓜盛期要加大施肥量,可天天收瓜。追肥浇水次数要多于一般品种,采收中期要进行叶面喷肥3~4次,以利于后期结瓜,延长采收期。

【种植地区】 适于山东省以及沈阳市以南各地区春大棚栽培。

【供种单位】 济南市农业科学研究所瓜菜室。地址:山东省济南市西郊张庄路。邮编:250023。电话:0531—5665576。

38. 济杂3号黄瓜

【品种来源】 济南市农业科学研究所育成的一代杂种。

【特征特性】 植株较高,秧壮,叶片中等大小、较厚、深绿色。以主蔓结瓜为主,回头瓜多,雌花节率60%左右。第一雌花节位为第四节。单瓜重180克,瓜长30~35厘米,瓜把长4厘米左右。瓜深绿色,有光泽,密瘤白刺,肉厚且脆嫩,瓜条顺直。风味品质和外观品质较好。对霜霉病、白粉病和枯萎病抗性强。较耐低温弱光。每667平方米产量7000~14000千克。

【栽培要点】 华北地区日光温室越冬茬9月底至10月上旬播种,苗龄20~30天;日光温室早春茬12月下旬至1月上旬播种,苗龄40~45天。定植时浇足水,每667平方米保苗3800~4000株,缓苗1周内一般采用磷酸二氢钾叶面追肥1次。进入采瓜期,在施足基肥的基础上,要及时随水追肥,并且每周进行1~2次叶面追肥。注意防治细菌性角斑病,在发生霜霉病、白粉病和枯萎病时,也要注意防治。

【种植地区】 适合华北地区日光温室越冬茬和早春茬栽培。

【供种单位】 同鲁黄瓜11号。

39. 健秋黄瓜

【品种来源】 江苏省中江种业股份有限公司育成。

【特征特性】 早熟,雌花多,节成性强。瓜长22~23厘米,果肩短,瓜条直,刺少,商品率高。皮色深绿,肉厚,品质好。

【栽培要点】 定植前施足底肥,结瓜期及时追肥。及时采收。

【种植地区】 适宜江苏省等地夏秋季栽培。

【供种单位】 江苏省中江种业股份有限公司。地址:江苏省南京市锁金村4—1号1楼。邮编:210042。电话:025—5434292。

40. 上栗早黄瓜

【品种来源】 江西省上栗县地方品种。

【特征特性】 早熟。株型紧凑,开花节位低。第一雌花着生于主蔓第三节左右,成瓜性好。果实长棒形,长35厘米,横径3~4厘米,刺瘤小,果皮绿白色,品质好。单瓜重300~400克。抗霜霉病、白粉病。每667平方米产量3500千克。

【栽培要点】 根据当地气候条件及栽培目的确定播种期。

【种植地区】 适宜江西省等地种植。

【供种单位】 江西省萍乡市蔬菜研究所。地址:江西省萍乡市北桥外公园路176号。邮编:337055。电话:0799—6893008。

41. 莱发2号黄瓜

【品种来源】 山东省莱阳农学院育成的华南型早熟黄瓜一代杂种。2002年通过山东省科技厅组织的专家鉴定。

【特征特性】 茎蔓粗壮,生长势强。早熟,从播种到嫩瓜采收65天左右。主蔓第三节左右开始着生雌花,以主蔓结瓜为主,节成性好。果实棒形,顺直端正,皮色深绿,有光泽,肉质脆嫩,风味好。刺瘤稀少,果实整齐,商品瓜长20~22厘米。单瓜重100~

120克。早期产量高,每株可采收商品瓜20个以上。耐低温、弱光,夜间棚内温度为10℃~12℃时植株可正常生长发育。抗黄瓜花叶病毒病、霜霉病和白粉病。每667平方米产量6 000千克左右。

【栽培要点】 华北地区越冬茬栽培于10月上旬播种,可用黑籽南瓜做砧木嫁接育苗。出苗后30~35天、幼苗3叶1心时定植。每667平方米栽植4 000株左右,嫁接苗可适当稀植。

【种植地区】 适宜华北地区日光温室越冬茬和早春茬栽培。

【供种单位】 山东省莱阳农学院。地址:山东省莱阳市文化路65号。邮编:265200。电话:0535—7332436。

42. 朝研碧丰2号黄瓜

【品种来源】 辽宁省朝阳市蔬菜研究所育成。

【特征特性】 生长势强,以主蔓结瓜为主,侧蔓也能结瓜。叶片较小,适宜密植,采收期长。雌花节率40%左右。瓜条顺直,深绿色,有明显光泽,瓜瘤显著,刺较密。商品瓜长30~40厘米,瓜头黄色条纹较少或基本无黄色条纹。果肉口感嫩脆清香,商品性状好。耐热性强。较抗霜霉病、白粉病和枯萎病。每667平方米产量5 000~10 000千克。

【栽培要点】 春露地栽培于4月上旬育苗,苗龄35天左右。施足底肥,及时采收。

【种植地区】 适宜辽宁省等地露地及春秋大棚栽培。

【供种单位】 辽宁省朝阳市蔬菜研究所。地址:辽宁省朝阳市友谊大街2段24号。邮编:122000。电话:0421—2807045,2806045。

43. 朝优3号黄瓜

【品种来源】 辽宁省朝阳市蔬菜研究所育成。

【特征特性】 早中熟,少刺型杂种一代。植株生长势强,第一雌花着生于主蔓第三至第五节。以主蔓结瓜为主,侧蔓也能结瓜。瓜筒形,瓜把短,瓜条顺直,瓜色深绿一致,有光泽,无花纹,无瘤,小白刺,瓜长27厘米左右。瓜码密,雌花节率80%。坐瓜能力强,能同时坐瓜4~5条。较抗枯萎病、白粉病和霜霉病。每667平方米产量7000千克以上。

【栽培要点】 同朝研碧丰2号黄瓜。

【种植地区】 适合辽宁省等地春秋露地及大棚栽培。

【供种单位】 同朝研碧丰2号黄瓜。

44. 朝优4号黄瓜

【品种来源】 辽宁省朝阳市蔬菜研究所育成。

【特征特性】 植株生长势强,以主蔓结瓜为主,侧蔓也能结瓜,回头瓜较多。瓜条顺直,商品瓜长35~40厘米,瓜色深绿,有光泽,瘤显著,密生白刺,果肉口感嫩脆清香。单瓜重250克左右。早熟,从播种至采收60~70天。一般每667平方米产量6000~8000千克。抗枯萎病、霜霉病和白粉病。在32℃~35℃高温下,仍生长正常。

【栽培要点】 同朝研碧丰2号黄瓜。

【种植地区】 适合辽宁等地春秋露地种植。

【供种单位】 同朝研碧丰2号黄瓜。

45. 露地3号黄瓜

【品种来源】 辽宁省农科院园艺所选育的一代杂交种。1995年通过辽宁省农作物品种审定委员会审定。

【特征特性】 中熟品种,从播种到始收期65天左右。植株长势强,蔓茎粗壮,以主蔓结瓜为主,平均着瓜节位5~6节。瓜条直,棒状,瓜皮绿色,有光泽,有刺瘤,刺为白色。瓜长为30~35厘米。单瓜重 170～180 克，果肉白色，味清香，品质好。较抗霜霉病、白粉病。每 667 平方米产量 5 000 千克左右。

【栽培要点】 沈阳市 4 月初育苗，5 月中旬定植，苗龄 40 天左右，行距株 60 厘米×33 厘米左右。定植前施足底肥。生育期间及时绑蔓、灌水、追肥和除草。

【种植地区】 适宜辽宁省等地春季露地或延晚塑料大棚栽培。

【供种单位】 辽宁省农科院园艺所。地址：沈阳市东陵路 84 号。邮编：110161。电话：024—88415898。

46. 露地 2 号黄瓜

【品种来源】 辽宁省农科院园艺所选育的一代杂交种。1988 年辽宁省品种审定委员会审定推广。

【特征特性】 中熟，生育期 60～65 天。植株生长势强，第一雌花着生节位 5～7 节，以主蔓结瓜为主。果实商品性好，瓜条直，棒状；有瘤刺，刺白色，刺密。瓜绿色，果肉白色，质脆，品质好。瓜长 35～40 厘米，单瓜重 125～150 克，抗霜霉病和枯萎病能力强。平均每 667 平方米产量 4 000～5 000 千克。

【栽培要点】 春播，在沈阳地区 4 月初播种，苗龄 35～40 天，株行距 33 厘米×60 厘米。定植前施足底肥。生育期间及时绑蔓，追肥，灌水。忌连作。

【种植地区】 适宜东北、华北地区及湖南等地春季露地和秋延晚栽培。

【供种单位】 同露地 3 号黄瓜。

47. 种星密刺黄瓜

【品种来源】 从日本引进的早熟杂交一代。

【特征特性】 早熟，植株生长势强。第一雌花节位 3～5 节，节成性好,有回头瓜。瓜长棒形,色深绿,单瓜重200克左右。瓜条长30厘米,横径3~5厘米,刺白,瘤多,瓜柄短,口感甜脆,商品性好。抗枯萎病、霜霉病和白粉病能力强。每667平方米产量可达6000千克以上。

【栽培要点】 每667平方米定植3500~4000株。及时采收,加强肥水管理。

【种植地区】 适宜内蒙古自治区等地早春大棚及露地种植。

【供种单位】 内蒙古种星种业有限公司。地址:1.呼和浩特市内蒙古农业大学院内。邮编:010018。电话:0471—4303463。2.内蒙古呼和浩特市呼伦北路2号种子农药门市部。邮编:010010。电话:0471—6280956。

48. 阿信黄瓜

【品种来源】 农友种苗有限公司育成。

【特征特性】 早熟。生长势强,耐病性强。主蔓雌花多,结果力强。瓜形端直,适收时瓜长约22厘米,横径约2.7厘米,单瓜重约100克。果色深绿光亮,无果粉,果刺少、白色,肉色翠绿,肉质脆嫩。耐贮运。

【栽培要点】 根据当地气候条件及栽培目的确定播种期。施足底肥,及时采收。

【种植地区】 福建省等地。

【供种单位】 农友种苗(中国)有限公司。地址:福建省厦门市枋湖东路705号。邮编:361009。电话:0592—5786386。

49. 碧燕黄瓜

【品种来源】 农友种苗有限公司育成。

【特征特性】 早熟。生长势强,抗病性强。瓜色深绿,单瓜重170~200克。瓜形端直,长约33.5厘米,横径3.2厘米,瓜面密刺型,稍有棱,瓜粉少。肉淡绿色,子室小,肉质脆嫩,高产。

栽培要点、种植地区、供种单位同阿信黄瓜。

50. 彩绿2号黄瓜

【品种来源】 农友种苗有限公司育成。

【特征特性】 早熟。耐热,高温期生育仍很强健。抗病毒病、霜霉病和白粉病。茎蔓粗壮,分枝2~4条,适于密植。适收时瓜长约36厘米,粗6.5~7厘米,单瓜重1千克左右。皮色青黑,有深色的纵沟纹,果粉多,有新鲜感。肉厚腔小,品质优良,果硬,不易萎软,耐贮运。夏季高温时,果色不易变淡。

栽培要点、种植地区、供种单位同阿信黄瓜。

51. 丰产94黄瓜

【品种来源】 农友种苗有限公司育成。

【特征特性】 植株生长强健,耐热耐湿,抗病毒病及霜霉病。分枝性强,主蔓及侧蔓上多雌花,结果早,结果数多,产量高。嫩瓜淡绿色,长约22厘米,横径约5厘米,单瓜重约350克。老瓜黄绿色到黄褐色,长30厘米,横径7厘米,单瓜重800克,黑刺,肉厚腔小。嫩瓜生食,老瓜炒食。

栽培要点、种植地区、供种单位同阿信黄瓜。

52. 锦美黄瓜

【品种来源】 农友种苗有限公司育成。

【特征特性】 植株生长势强,主蔓与侧蔓上完全生雌花,结果特早。适收时瓜长约18.5厘米,横径5厘米,单瓜重约370克。果形端直,两端丰圆,果皮青黑色,果面平滑,白刺,刺少,肉厚子室小,肉质脆嫩,为切片凉拌色拉专用品种。抗病毒病(CWV及PRV-W)。

栽培要点、种植地区、供种单位同阿信黄瓜。

53. 美燕黄瓜

【品种来源】 农友种苗有限公司育成。

【特征特性】 耐热性强，生长快速，耐萎凋病（枯萎病）、霜霉病和白粉病。早熟，产量高，播种后37天开始采收，适收时瓜长约36厘米，横径约3.5厘米，肉厚0.9厘米，单瓜重约250克。果绿色，有光泽，果刺白色，果面稍平，果形长直，心室小，肉质甜脆。适于凉拌、炒食、腌渍及制罐等多种用途。

栽培要点、种植地区、供种单位同阿信黄瓜。

54. 蜜燕黄瓜

【品种来源】 农友种苗有限公司育成。

【特征特性】 植株生长势强，主蔓和侧蔓均可结瓜。适收时果长约13.5厘米，横径约4厘米，单瓜重约140克。果形端直，果色青绿光亮，果面平滑，果刺白色、细少，外形美观。肉质脆嫩有甜味，为切片凉拌沙拉及炒食最佳品种。

【栽培要点】 注意防治病毒病、霜霉病。其他同阿信黄瓜。

种植地区、供种单位同阿信黄瓜。

55. 鲁黄瓜7号

【品种来源】 原代号87F22。由青岛市农科所1987年育成。1993年通过山东省农作物品种审定委员会审定并命名。

【特征特性】 植株生长旺盛，主侧蔓均能结瓜。第一雌花一般着生于主蔓第六至第七节，以后间隔3节左右有1～2个雌花。果长圆筒形，长21.6厘米，横径3.7厘米，单瓜重200克左右。果皮浅绿色，无棱沟，较光滑，刺褐色，小而少。较耐热，适于伏季栽培。成瓜率高，瓜条生长快，品质好。

【栽培要点】 青岛地区宜于6月上旬以后直播，栽植密度为每667平方米3700株左右。成瓜快，栽培中需要选择肥力较高的土地种植。结果盛期最好每天采收1次，以提高瓜果品质。

【种植地区】 适宜山东等地种植。

【供种单位】 青岛市农业科学研究所。地址：山东省青岛市李沧区浮山路168号。邮政编码：266100。电话：0532—7621643。

56. 鲁黄瓜3号

【品种来源】 原代号85F4。青岛市农科所育成。1991年通过山东省农作物品种审定委员会审定并命名。

【特征特性】 早熟，植株生长势较强，侧枝少，以主蔓结瓜为主，雌花节率高，雄花少。果圆筒形，长约21厘米，横径3.7厘米，单瓜重约190克。果皮绿色，较光滑，刺褐色，瘤小而少。较耐低温。较抗白粉病、炭疽病和枯萎病，较耐霜霉病。

【栽培要点】 青岛地区宜于3月中旬至4月上旬播种育苗，也可于5月份直播，适宜栽植密度为每667平方米3800株左右。强雌性，成瓜率高，要求选择肥力高的土地种植，要重施基肥，及时追肥浇水和收获。最好能混植10%的多雄花品种，以改善授粉条件。

【种植地区】 适宜华北地区做早春露地栽培。

【供种单位】 同鲁黄瓜7号。

57. 青研黄瓜1号

【品种来源】 青岛市农科所育成。1999年通过山东省农作物品种审定委员会审定并命名。

【特征特性】 较早熟，植株生长旺盛。叶色深绿色，侧枝较少，以主蔓结果为主。第一雌花着生于主蔓第三至第四节。果长圆筒形，长约23.5厘米，横径3.2厘米。单瓜重170克。皮深绿色，无棱沟，较光滑、瘤小而少，刺褐色。较耐低温和弱光。

【栽培要点】 要重施基肥，及时追肥浇水，及时采收，以提高产品的商品性。对枯萎病抗性较弱，不宜重茬，最好进行嫁接换根栽培。栽植密度宜每667平方米定植3300株左右。

【种植地区】 适于华北等地区日光温室和春棚栽培。

【供种单位】 同鲁黄瓜7号。

58. 翠绿黄瓜

【品种来源】 山东省青岛市农科所育成的一代杂种。

【特征特性】 植株生长势强，以主蔓结瓜为主。瓜短圆筒形，皮浅绿色，瓜条顺直，瓜表面光滑无棱沟，刺瘤褐色，小且稀少。瓜长约20厘米，横径约3厘米，瓜把长2.6厘米。单瓜重150克左右。秋季平均每667平方米产量1760千克。春季平均每667平方米产量3750千克。抗细菌性角斑病、霜霉病和枯萎病。

【栽培要点】 在山东地区春提早栽培，2月上中旬播种育苗，3月中下旬定植。秋延后栽培，8月中旬干籽直播，也可于7月下旬至8月上中旬露地苗床播种育苗后定植，苗龄20～25天。定植前或直播前施足底肥。垄栽，大行距60厘米，小行距40厘米，株距25～30厘米，栽植密度每667平方米3500～4000株。幼苗长到30厘米左右时吊绳缠蔓，去卷须，5节以下侧枝全部打掉，5节以后侧枝见瓜后留2片叶摘心。

【种植地区】 适宜华北、东北地区及其他喜食华南型黄瓜的地区春秋保护地种植。

【供种单位】 同鲁黄瓜7号。

59. 85F12黄瓜

【品种来源】 山东省青岛市农科所育成。

【特征特性】 植株生长旺盛，以主蔓结瓜为主。较耐热，丰产，品质好，较抗病。果皮绿色，果实圆筒形，长约 18 厘米，横径 3.6 厘米。单瓜重 170 克左右，较光滑，有光泽，刺褐色，刺少而小。

【栽培要点】 青岛地区秋种宜于 7 于下旬直播。栽植密度每 667 平方米 4 000 株左右。应选肥力较高的地块种植。

【种植地区】 适宜青岛等地秋季栽培，也可用于春季栽培和秋棚延迟栽培。

【供种单位】 同鲁黄瓜 7 号。

60. 清味白刺黄瓜

【品种来源】 从国外引进。

【特征特性】 瓜面光滑，瓜皮及瓜肉鲜嫩，食味好。侧枝发生率高，可利用侧枝坐果。瓜长 23～26 厘米，果径 3～3.3 厘米，单瓜重 170～200 克。

【栽培要点】 湿度过高时栽培，影响节成性且可能出现棒状果。高温或低温，日照不足，氮肥过多或过少时可能出现不良瓜。注意防治病毒病及各种虫害。

【种植地区】 适宜山东等地种植。

【供种单位】 同 85F12 黄瓜。

61. 清味翠绿黄瓜

【品种来源】 青岛市种子有限公司育成。

【特征特性】 早熟，生长速度快，侧枝性强。瓜深绿色，有光泽，长 25 厘米左右，横径 3～3.5 厘米。无棱瘤，白刺较少，瓜条顺直，肉质甜脆。抗病能力强。

【栽培要点】 定植时做宽 120 厘米的畦，栽 2 行，株距 35 厘米。播种后 50～55 天及时追肥，勤浇水，在侧枝出现瓜时留 1～2 片叶摘心。

【种植地区】 适宜山东省等地晚春及夏季露地栽培。

【供种单位】 青岛市种子有限公司。地址:山东省青岛市重庆北路。邮编:266108。电话:0532—4818886。

62. 新绿节成黄瓜

【品种来源】 青岛市种子有限公司育成。

【特征特性】 植株生长势中等,分枝少,以主蔓结瓜为主,雌性强。瓜圆筒形,浅绿色,表面光滑,浅褐刺,瘤少而小。瓜长 20 厘米左右,横径 3.3 厘米左右。单瓜重约 130 克,商品性好。较耐低温弱光。抗枯萎病、霜霉病,较抗白粉病和细菌性角斑病。

【栽培要点】 每 667 平方米定植 3 500 ~ 4 000 株。施足底肥,勤追肥,及时采收。

【种植地区】 适宜山东等地春秋保护地栽培及春露地栽培。

【供种单位】 同清味翠绿黄瓜。

63. 春秋露地 5 号黄瓜

【品种来源】 山东省宁阳县农业科学研究所育成。

【特征特性】 早熟,抗病,主侧蔓均可结瓜。春露地栽培第一雌花着生于第四至第五节,秋季着生于第六至第七节。商品瓜深绿色,刺瘤中等,心室小,肉厚。瓜条顺直,长 35 厘米左右,商品性好。每 667 平方米产量 5 000 千克左右。

【栽培要点】 黄淮地区春夏栽培一般于 3 月下旬至 4 月上旬播种,苗龄 30 ~ 35 天,从播种至采收 60 天左右。秋延迟栽培可在 8 月上旬育苗。应保证充足的肥水供应,增施磷钾肥。一般每 667 平方米定植 3 500 株。

【种植地区】 适宜华北等地早春栽培、夏露地栽培及秋延迟栽培。

【供种单位】 山东省宁阳县农科所。地址:山东省宁阳县长途汽车站南500米。邮编:271400。电话:0538—5621479。

64. 新7号黄瓜

【品种来源】 山东省宁阳县农科所育成。

【特征特性】 较早熟。植株长势较强,以主蔓结瓜为主,有侧枝和回头瓜。第一雌花一般着生于第四至第五节。瓜条长棒形,瓜皮深绿色,刺瘤明显,肉厚,瓜长35厘米左右,商品性好。抗霜霉病、白粉病和枯萎病能力强。每667平方米产量5 000千克左右。

【栽培要点】 每667平方米定植4 000株左右。盛瓜期勤追肥浇水,中后期每667平方米每次撒施复合肥15~20千克。后期多追施氮肥。

【种植地区】 适宜华北等地春秋露地栽培及早春地膜覆盖栽培。

【供种单位】 同春秋露地5号黄瓜。

65. 新4号黄瓜

【品种来源】 山东省宁阳县农业科学研究所育成。

【特征特性】 较早熟,植株生长势较旺,以主蔓结瓜为主,有侧枝和回头瓜。第一雌花一般着生于第四至第五节。瓜条长棒形,深绿色,刺瘤明显,肉厚,瓜条长35厘米左右,商品性好。抗霜霉病、白粉病和枯萎病能力强。每667平方米产量5 000千克左右。

【栽培要点】 每667平方米定植4 000株左右。盛瓜期勤追肥浇水,中后期可每667平方米撒施复合肥15~20千克。后期多追氮肥,以促进营养生长,延缓衰老。

【种植地区】 适宜华北等地春季栽培、秋露地栽培及早春地膜覆盖栽培。

【供种单位】 同春秋露地5号黄瓜。

66. 99－15黄瓜

【品种来源】 山东省泰安市菜篮子科技园等单位育成的春露地黄瓜一代杂种。

【特征特性】 株型紧凑,生长势强,以主蔓结瓜为主。第一雌花着生于第三至第五节。从播种到第一雌花开放41天左右,到根瓜采收50天左右。商品瓜长35厘米左右,横径2.5厘米左右,棒状,皮色深绿均匀,有光泽,瓜把短而细,刺瘤中等,果皮厚,果肉淡绿色,质地脆嫩,风味品质好。抗霜霉病,对枯萎病抗性较强。每667平方米产量5000千克左右。

【栽培要点】 华北地区春露地栽培一般于3月下旬在阳畦或大棚育苗,4月下旬定植,5月上旬始收。也可于4月中下旬露地直播,5月下旬到6月上旬始收。定植行距60厘米,株距25～27厘米,每667平方米栽苗4000株左右。施足基肥,及时追肥。在植株生长过程中要及时摘除侧枝并绑蔓。

【种植地区】 适宜华北地区春露地种植。

【供种单位】 山东省泰安市菜篮子科技园。地址:山东省泰安市普照寺路中段。邮编:271000。电话:0538—8212523。

67. 碧玉黄瓜

【品种来源】 山东省种子总公司培育。

【特征特性】 华南型黄瓜新品种。早熟,植株生长旺盛,主蔓结瓜。商品瓜粗细均匀,深绿,瓜条直,长20～25厘米,表面光滑,上有稀疏白刺,无刺瘤,无黄条纹和花头现象,商品性极佳。抗霜霉病、白粉病、枯萎病能力强。早春保护地栽培及露地栽培一般每667平方米产量6000～9000千克。夏秋栽培及秋延迟栽培一般每667平方米产量3500～5000千克。

【栽培要点】 华北地区春露地栽培一般于3月下旬在阳畦或大棚育苗,4月下旬定植;也可于4月中下旬露地直播。施足底肥,及时追肥。

【种植地区】 适宜山东等地春秋保护地栽培及露地栽培。

【供种单位】 山东省种子总公司。地址:济南市花园路123号。邮编:250100。电话:0531—8916241。

68. 新泰密刺黄瓜

【品种来源】 山东省新泰市高孟村农民张风明由地方品种中选育而成。

【特征特性】 生长势强。瓜棒状,青绿色,刺瘤密,有纵棱。瓜条长20~25厘米,耐寒性较强,耐弱光。抗枯萎病和霜霉病,单瓜重200~250克。一般每667平方米产量10000千克左右。

【栽培要点】 重施基肥,及时追肥浇水,及时采收。注意防治病虫害。

【种植地区】 适宜我国北方地区保护地种植。

【供种单位】 同碧玉黄瓜。

69. 晋黄瓜1号

【品种来源】 山西省农科院蔬菜研究所育成。

【特征特性】 中早熟。植株生长势强,第六节左右开始结瓜。商品瓜长32厘米左右,瓜把较短。肉质脆,风味浓,商品性好。一般每667平方米产量4350千克左右。抗枯萎病,耐霜霉病。

【栽培要点】 育苗温度13℃~30℃,苗龄30~35天,每667平方米栽3200~3500株。注意保持植株群体均匀受光。

【种植地区】 山西省。

【供种单位】 山西省农科院蔬菜研究所。地址:太原市农科北路64号。邮编:030031。电话:0351—7124166。

70. 沪杂1号黄瓜

【品种来源】 上海市农科院园艺研究所育成。

【特征特性】 生长势强,坐果率高。瓜形棒状,无瓜把,瓜皮深绿色,表面刺瘤极少,肉厚且肉质脆,适宜鲜食及加工出口。抗霜霉病及枯萎病。每667平方米产量5000千克左右。

【栽培要点】 施足底肥,及时采收,注意防治病虫害。

【种植地区】 上海市。

【供种单位】 上海农科种子种苗有限公司。地址:上海市南华路35号。邮编:201106。电话:021—62200977。

71. 白露黄瓜

【品种来源】 从韩国引进。

【特征特性】 早熟。植株生长势强,节间短,雌花多。瓜长18~22厘米,横径2.8~3.3厘米。瓜皮白绿色。单瓜重120~150克。抗热性中等。高温、长日照易发生畸形果。

【栽培要点】 沈阳地区春露地栽培于4月初育苗,5月中旬定植,苗龄40天左右。定植前施足底肥。生育期间及时绑蔓、灌水、追肥和除草。

【种植地区】 适于辽宁等地露地栽培和保护地栽培。

【供种单位】 沈阳市科园种苗有限公司。地址:沈阳市和平区十纬路18号农垦机关楼。邮编:110003。电话:024—22874771。

72. 丰露黄瓜

【品种来源】 由沈阳市科园种苗有限公司育成。

【特征特性】 中早熟。植株生长势较强,分枝多,主侧蔓均能结瓜,雌花多。第一雌花着生于主蔓第六至第八节。瓜深绿色,有光泽,白刺,棱瘤明显,肉质脆,风味佳,商品性好。瓜长约33厘米,横径 2.5～3.5 厘米,单瓜重 150～200 克。抗病性强。

【栽培要点】 同白露黄瓜。

【种植地区】 适宜东北等地春季露地栽培及大棚、地膜覆盖栽培及秋延后栽培。

【供种单位】 同白露黄瓜。

73. 绿露黄瓜

【品种来源】 从韩国引进。

【特征特性】 早熟。果实深绿色,果皮润泽,果瘤与刺少。瓜长 23～26 厘米,横径 2.8～3.3 厘米,单瓜重 130～160 克。耐热性强。抗病性好,耐霜霉病。

【栽培要点】 同白露黄瓜。

【种植地区】 适宜辽宁等地温室栽培和露地栽培。

【供种单位】 同白露黄瓜。

74. 雨露黄瓜

【品种来源】 从韩国引进。

【特征特性】 早熟。植株生长势强,侧枝生长好,主、侧蔓均可结瓜。瓜深绿色,长 31～34 厘米,横径 3.2～3.5 厘米,单瓜重 180～220 克。缺肥与水分会出现弯曲等不良果。耐高温。抗病性强。

【栽培要点】 同白露黄瓜。

【种植地区】 适宜辽宁等地种植。

【供种单位】 同白露黄瓜。

75. 早露黄瓜

【品种来源】 由沈阳市科园种苗有限公司育成。

【特征特性】 早熟。长势中等,有分枝,以主蔓结瓜为主。第一雌花节位在第三至第五节。瓜长30~35厘米,横径2.8~3.3厘米,单瓜重150~200克。瓜条直棍棒形,深绿色,有光泽,有白刺,有棱瘤,肉质致密,口感清脆。每667平方米产量4 000~5 000千克。

【栽培要点】 栽培上加强肥水管理,不宜控水控肥,可适当密植。其他管理方法同白露黄瓜。

【种植地区】 适宜辽宁等地夏秋露地栽培,特别适宜秋后延晚栽培。

【供种单位】 同白露黄瓜。

76. 唐山秋瓜

【品种来源】 河北省唐山市地方品种。

【特征特性】 中熟。从播种至嫩瓜采收50~55天。第一雌花着生于第三至第五节。嫩瓜浅绿色,瓜条短棒形,品质好,味浓。较抗枯萎病及霜霉病。每667平方米产量3 000~4 000千克。

【栽培要点】 行距60厘米,株距30厘米,地爬或搭架均可,搭架可提高产量。注意防治霜霉病、角斑病及斑潜蝇的危害。

【种植地区】 适宜辽宁、河北等省春秋露地栽培。

【供种单位】 沈阳市利丰种业有限公司。地址:辽宁省新民市大柳屯镇客运站对门。邮编:110307。电话:024—87550129。

77. 春丰2号黄瓜

【品种来源】 沈阳市农科院育成。

【特征特性】 早熟,生长势较强。叶片深绿,春播第一雌花着生于第三至第四节,主蔓结瓜,瓜条长35厘米左右,横径约4厘米,瓜柄短3~4厘米。单瓜重200克左右,瓜条瘤刺明显,白刺,品质好。高抗霜霉病、枯萎病、白粉病3种病害,且对角斑病、炭疽病等病害也有一定抗性。

【栽培要点】 采用直播营养钵育苗法，苗龄35~40天，苗期不要喷乙烯利。苗期管理要掌握控温不控水的原则，尽量提高地温，促进根系和地上部的正常生长，防止老化苗或花打顶现象。大棚内10厘米地温稳定在11℃以上方可定植。该杂交种喜水，应重施底肥，结果期要结合浇水多施稀粪或速效化肥，以保证大量结瓜的养分需求。

【种植地区】 适宜辽宁等地春大棚栽培、春早熟露地小拱棚覆盖栽培、春露地栽培、秋大棚栽培、秋延后栽培及早春温室嫁接栽培。

【供种单位】 沈阳市农科院。地址：辽宁省沈阳市黄河北大街96号。邮编：110034。电话：024—86525879。

78. 碧绿黄瓜

【品种来源】 由国外引进。

【特征特性】 早熟。植株生长势强，分枝性弱。第一雌花着生于主蔓第三至第四节，节成性好。果实棒形，粗细均匀，商品性好。瓜长18~24厘米，粗2.5~3.0厘米，单瓜重120~150克。瓜少刺瘤，刺白色，肉质细腻，有清香味，微甜，品质优良。抗霜霉病和枯萎病，适应性强。耐贮运。

【栽培要点】 根据当地气候条件及栽培目的确定播种期。施足底肥，注意追肥，及时采收。

【种植地区】 辽宁省。

【供种单位】 沈阳星光种业公司。地址：辽宁省沈阳市黄河北大街96号。邮编：110034。电话：024—86523907。

79. 欧罗巴黄瓜

【品种来源】 由国外引进。

【特征特性】 果形美观，无刺瘤，果皮为嫩绿色，果肉脆，品质极佳。节间距离短,坐果率高。果长13厘米左右,单瓜重80~120克。贮藏性好,瓜色变化较慢,可长时间保持瓜的新鲜度,属商品性极佳的欧洲型黄瓜品种。

栽培要点、种植地区、供种单位同碧绿黄瓜。

80. 鑫丰黄瓜

【品种来源】 由国外引进。

【特征特性】 果形美观,果皮为白绿色,果肉脆,品质极佳。节间距离短,坐果率高,果长18~25厘米,单瓜重120~150克。贮藏性好,瓜色变化较慢,可长时间保持瓜的新鲜度,商品性好。

栽培要点、种植地区、供种单位同碧绿黄瓜。

81. 京育101号黄瓜

【品种来源】 泰安市泰丰园艺有限公司育成的中熟黄瓜品种。

【特征特性】 植株长势强,以主蔓结瓜为主。瓜色深绿,有光泽,长33厘米左右,刺较密,瘤显著。瓜条整齐一致,果面无黄筋,瓜把短,果肉厚,心腔小,果肉浅绿色,口感好。高抗霜霉病、白粉病和枯萎病。每667平方米产量5500千克以上。

【栽培要点】 栽培中应以基肥为主,中后期及时追肥,架杆3米左右,注意防病。

【种植地区】 适宜春秋露地栽培。已在山东、广东等省推广。

【供种单位】 泰安市泰丰园艺有限公司。地址:山东省泰安市泰山区南外环宝良加油站南侧。邮编:271000。电话:0538—6893637。

82. 京育102号黄瓜

【品种来源】 泰安市泰丰园艺有限公司育成的一代杂种。

【特征特性】 植株生长势强,以主蔓结瓜为主,主侧蔓均可结瓜,有回头瓜。瓜条棍棒形,白刺,棱瘤明显,瓜把短,心腔小。瓜条深绿色,长33~35厘米,有光泽,肉厚,风味佳,商品性好。高抗霜霉病、白粉病和枯萎病。每667平方米产量5000千克以上。

【栽培要点】 应施足基肥,及时追肥,后期加强病害防治。

【种植地区】 适宜山东等地春秋露地栽培。

【供种单位】 同京育101号黄瓜。

83. 京育201号黄瓜

【品种来源】 泰安市泰丰园艺有限公司育成。

【特征特性】 植株长势强,以主蔓结瓜为主。第一雌花着生于第四节左右,早熟性强。雌花节率30%左右,瓜条长棒形,长32~35厘米,单瓜重约200克。瓜把短,心腔小,瓜皮深绿色,瘤显著,密生白刺,瓜肉淡绿色,品质优良。春播至采收70天左右,夏秋播45天左右。抗枯萎病、霜霉病和白粉病。耐低温弱光,单性结实能力强。每667平方米产量6000千克以上。

【栽培要点】 每667平方米栽苗3500~3700株。施足基肥,早收根瓜。

【种植地区】 适宜山东等地春秋大棚及春秋露地栽培。

【供种单位】 同京育101号黄瓜。

84. 京育202号黄瓜

【品种来源】 泰安市泰丰园艺有限公司育成的春季温室、大棚专用品种。

【特征特性】 植株生长势强,以主蔓结瓜为主。第一雌花着生于第四至第五节,早熟性强。雌花节率70%以上。瓜长棒形,长32厘米左右,单瓜重180~200克。瓜皮深绿色,心腔小,瘤显著,密生白刺,果肉淡绿色,品质优良。每667平方米产量7000千克以上。

【栽培要点】 在山东省可于11月至翌年2月育苗,苗龄40~45天,从播种至采收70~75天。应施足基肥,每667平方米施优质农家肥10 000千克,及时追施复合肥。每667平方米栽苗3 500~3 700株。

【种植地区】 适宜山东等省春季温室和大棚栽培。

【供种单位】 同京育101号黄瓜。

85. 津优10号黄瓜

【品种来源】 天津市黄瓜研究所育成的早熟一代杂种。

【特征特性】 生长势较强,第一雌花着生于第四节左右。瓜条生长速度快,成瓜性好,从播种至根瓜采收一般60天。前期以主蔓结瓜为主,中后期主侧蔓均可结瓜。瓜条长35厘米左右,横径3厘米,单瓜重180克左右。瓜深绿色,有光泽,刺瘤中等,口感脆嫩,畸形瓜率低。前期耐低温,后期耐高温。抗霜霉病、白粉病和枯萎病。每667平方米产量5 500千克以上。

【栽培要点】 华北地区播种期春大棚栽培一般为2月中下旬,秋延后大棚栽培一般为8月上旬。育苗期间,第二片真叶展开时后半夜温度应控制在10℃~12℃,光照时间控制在8~10小时,以利于雌花形成,为早熟打下基础。苗龄一般为35天,3叶1心时定植。定植时10厘米地温应控制在12℃以上,每667平方米栽苗4 000株。注意防治霜霉病、美洲斑潜蝇和白粉虱等病虫害。

【种植地区】 适宜天津、山东、江苏、湖北、内蒙古等地早春大棚及秋延后大棚栽培。

【供种单位】 天津科润黄瓜研究所。地址:天津市南开区白堤路295号。邮编:300192。电话:022—82300666。

86. 津优1号黄瓜

【品种来源】 天津市黄瓜研究所育成的大棚专用一代杂种。1997年通过天津市农作物品种审定委员会审定。

【特征特性】 植株紧凑,长势强。叶深绿色,以主蔓结瓜为主。第一雌花着生于第三至第四节,雌花节率40%左右,回头瓜多。瓜条顺直,长36厘米左右,单瓜重250克左右。瓜色深绿,有光泽,瘤显著,密生白刺,瓜把短,一般小于瓜长的1/7。心腔较细并小于瓜横径的1/2,果肉浅绿色,质脆,无苦味,品质优。耐低温、弱光能力强。抗枯萎病、霜霉病和白粉病。每667平方米产量5000~6000千克。

【栽培要点】 同津优10号黄瓜。

【种植地区】 适宜华北等地春秋大棚栽培。

【供种单位】 同津优10号黄瓜。

87. 津优20号黄瓜

【品种来源】 天津市黄瓜研究所育成的适宜早春日光温室及春大棚栽培的一代杂种。

【特征特性】 生长势强。叶片大而厚,深绿色。茎粗壮。以主蔓结瓜为主,侧枝也具结瓜能力。春季主蔓雌花着生于第四节左右,雌花节率40%以上。瓜条顺直,长棒状,长30厘米左右。瓜绿色、有光泽,瘤显著,果肉绿白色,质脆,品质优良,畸形瓜少,单瓜重150~200克。耐低温能力强,对枯萎病、霜霉病和白粉病抗性强。日光温室冬春茬早熟栽培每667平方米产量6000千克左右。

【栽培要点】 华北地区日光温室冬春茬早熟栽培,一般于12月下旬在温室播种育苗,2月上中旬定植。春早熟大棚栽培一般于2月上旬在温室播种育苗,3月下旬定植,行距60厘米左右,株距30厘米以上,每667平方米栽苗3500株左右。每667平方米施优质农家肥10000千克做底肥。浇完缓苗水后开始蹲苗,待根瓜坐住后开始浇水。及时采收根瓜,不留侧枝瓜。结瓜期保证肥水供应。注意防治病虫害。

【种植地区】 适宜华北、东北、西北和华东等地冬春茬、早春茬日光温室及春大棚栽培。

【供种单位】 同津优10号黄瓜。

88. 津优2号黄瓜

【品种来源】 天津市黄瓜研究所育成的适宜冬春日光温室及春大棚栽培的优良一代杂种。1998年通过天津市农作物品种审定委员会审定。

【特征特性】 早熟。植株长势强,茎粗壮,叶片肥大、深绿色,分枝中等。以主蔓结瓜为主。瓜码密,单性结实能力强,瓜条生长速度快,不易化瓜。瓜条长棒状,深绿色,刺瘤中等,白刺,腰瓜长35厘米左右,单瓜重200克左右,品味佳,商品性好。耐低温、弱光,抗霜霉病、白粉病和枯萎病能力强。每667平方米产量5500千克以上。

【栽培要点】 华北地区冬春茬日光温室栽培,苗龄40~45天,3叶1心至4叶1心时定植,每667平方米栽苗3400~3500株。

【种植地区】 适宜东北、华北、西北地区早春日光温室及越冬日光温室栽培。

【供种单位】 同津优10号黄瓜。

89. 津优30号黄瓜

【品种来源】 天津市黄瓜研究所育成的一代杂种。

【特征特性】 植株生长势强。以主蔓结瓜为主,侧枝也具有结瓜能力。春天第一雌花着生于第四节左右。瓜条顺直,长棒状,长 35 厘米左右。瓜把短,一般在 5 厘米以内。单瓜重 220 克左右。瓜色深绿、有光泽,即使在严寒的冬季,瓜条长度也可达 25 厘米左右。刺密,瘤明显,便于长途运输。果肉淡绿色,质脆,味甜,品质优良。畸形瓜少。耐低温、弱光能力极强。高抗枯萎病,抗霜霉病、白粉病和角斑病。每 667 平方米产量 7 000 千克左右。

【栽培要点】 华北地区日光温室越冬茬栽培,一般于 9 月下旬至 10 月上旬播种,10 月中下旬嫁接,11 月上旬定植。日光温室冬春茬早熟栽培,一般于 12 月下旬播种育苗,翌年 2 月上中旬定植。栽培密度不宜过大,株距 30 厘米以上,行距 60 厘米左右,每 667 平方米栽苗 3 500 株左右。

【种植地区】 适宜华北、东北、西北和华东地区日光温室越冬茬栽培和冬春茬栽培。

【供种单位】 同津优 10 号黄瓜。

90. 津优 3 号黄瓜

【品种来源】 天津市黄瓜研究所育成的一代杂种。1999 年通过天津市和山西省农作物品种审定委员会审定。

【特征特性】 植株紧凑,长势强。叶深绿色,以主蔓结瓜为主。第一雌花着生于第三至第四节,雌花节率 40% 左右,回头瓜多。瓜条顺直,长 35 厘米左右,单瓜重 230 克左右。瓜色深绿,有光泽,瘤显著,密生白刺。瓜把短,一般小于瓜长的 1/7。心腔较细并小于瓜横径的 1/2,果肉浅绿色,质脆,味甜,品质优良。耐低温、弱光能力强,高抗枯萎病,中抗霜霉病和白粉病。每 667 平方米产量 5 500 千克左右。

【栽培要点】 同津优 30 号黄瓜。

【种植地区】 适宜华北等地越冬日光温室及早春日光温室栽培。

【供种单位】 同津优10号黄瓜。

91. 津优4号黄瓜

【品种来源】 天津市黄瓜研究所育成的一代杂种。2000年通过天津市农作物品种审定委员会审定。

【特征特性】 植株紧凑,长势强,叶深绿色。以主蔓结瓜为主,雌花节率40%左右。回头瓜多,侧枝结瓜后自封顶,较适于密植。瓜条顺直,长35厘米左右,瓜色深绿,有光泽,瘤显著,密生白刺,单瓜重200~250克。耐热性好,抗枯萎病、霜霉病和白粉病。每667平方米产量5 500千克左右。

【栽培要点】 天津地区保护地育苗一般在3月中下旬到4月上旬播种,苗龄30~35天。施足底肥,注意追肥,及时采收。

【种植地区】 适宜华北地区春秋露地种植。

【供种单位】 同津优10号黄瓜。

92. 津优5号黄瓜

【品种来源】 天津市黄瓜研究所育成的一代杂种。

【特征特性】 植株长势强,茎粗壮,叶片肥大、深绿色,分枝中等。以主蔓结瓜为主,瓜码密、几乎节节有瓜,回头瓜多。单性结实能力强,瓜条生长速度快。瓜条长棒状,深绿色,有光泽;果肉厚,淡绿色,刺瘤大,白刺,腰瓜长30厘米左右。畸形瓜少。单瓜重200克左右。品味佳。耐低温、弱光能力强,抗霜霉病、白粉病和枯萎病能力强。每667平方米产量5 500千克以上。

【栽培要点】 由于该品种连续坐果能力强,因此在根瓜坐住后应及时追肥,采收中后期加大肥水量,同时也可以进行叶面追肥。

【种植地区】 适宜华北等地早春日光温室、秋延后日光温室及春大棚种植。

【供种单位】 同津优10号黄瓜。

93. 津优6号黄瓜

【品种来源】 天津市黄瓜研究所育成的少刺型黄瓜一代杂种。

【特征特性】 植株生长势强,叶色深绿,以主蔓结瓜为主。早熟性强,雌花节率高。瓜条顺直,刺少无瘤,口感好,商品性好,果实货架寿命长。对枯萎病、白粉病和霜霉病抗性强。春季每667平方米产量4500千克左右。

【栽培要点】 华北地区春早熟大棚栽培一般于2月上旬在温室播种育苗,3月下旬定植。不宜过分蹲苗。

【种植地区】 适宜华北等地春秋露地及春秋大棚种植。

【供种单位】 同津优10号黄瓜。

94. 津春2号黄瓜

【品种来源】 天津市农科院黄瓜研究所育成的大棚专用黄瓜杂交一代品种。

【特征特性】 早熟。第一雌花着生于主蔓第三至第四节,以后每隔1~2节结瓜。单性结实能力强,生长发育速度快,播种到收获65天左右。抗霜霉病和白粉病。株型紧凑,以主蔓结瓜为主。每667平方米产量可达5000千克以上。该品种产量高,品质好。

【栽培要点】 天津地区春露地栽培一般在3月中下旬到4月上旬保护地播种育苗,苗龄30~35天。施足底肥,注意追肥,及时采收。

【种植地区】 适宜早春大、中、小棚栽培,也可用做春秋露地和秋大棚栽培。

【供种单位】 同津优10号黄瓜。

95. 津露1号黄瓜

【品种来源】 天津市蔬菜研究所育成。

【特征特性】 植株生长旺盛,对霜霉病、白粉病和枯萎病抗性较强。以主蔓结瓜为主,侧蔓也有结瓜能力,有回头瓜。瓜条棒形,白刺,刺较密,棱瘤明显,瓜条长30~50厘米,单瓜重200克左右。瓜把短,瓜条深绿色,有光泽,肉厚,质细嫩,商品性状好。

【栽培要点】 天津地区保护地育苗一般在3月中下旬至4月上旬播种,苗龄30~35天。施足底肥,注意追肥,及时采收。

【种植地区】 适宜天津等地露地栽培。

【供种单位】 天津科润蔬菜研究所。地址:天津市南开区白堤南路荣迁东里22号楼。邮编:300192。电话:022—23369519。

96. 津新密刺黄瓜

【品种来源】 天津市蔬菜研究所育成。

【特征特性】 植株生长旺盛,抗霜霉病能力强。以主蔓结瓜为主,第一雌花着生于第四节,成瓜率高。瓜长25厘米左右,瓜把短小。早期产量高,每667平方米产量8000千克以上。

【栽培要点】 华北地区日光温室越冬茬栽培,一般于9月下旬至10月上旬播种,10月中下旬嫁接,11月上旬定植。

【种植地区】 适宜天津等地日光温室栽培。

【供种单位】 同津露1号黄瓜。

97. 津绿1号黄瓜

【品种来源】 天津市绿丰园艺新技术开发有限公司育成。

【特征特性】 抗病性强,高抗霜霉病、白粉病和枯萎病。瓜条顺直,长35厘米左右,瓜深绿色,刺瘤明显,瓜把短,果肉浅绿色,商品性好,品质佳。生长势强,丰产性好。春棚栽培每667平方米产量7000千克,秋棚栽培每667平方米产量可达5000千克。

【栽培要点】 华北地区春早熟大棚栽培一般于2月上旬在温室播种育苗,3月下旬定植。

【种植地区】 适宜天津等地大棚、小拱棚栽培,秋季栽培表现更为突出。

【供种单位】 天津市绿丰园艺新技术开发有限公司。地址:天津市南开区科研东路8号A座201。邮编:300192。电话:022—87890206。

98. 津绿2号黄瓜

【品种来源】 天津市绿丰园艺新技术开发有限公司育成。

【特征特性】 早熟。瓜条顺直,瓜把短,刺瘤明显,瓜深绿色,肉淡绿色,长30厘米左右,商品性好。耐低温弱光,高抗霜霉病、白粉病和枯萎病。每667平方米产量7000千克左右。

【栽培要点】 华北地区春早熟大棚栽培一般于2月上旬在温室播种育苗,3月下旬定植。

【种植地区】 适宜天津等地春大棚栽培。

【供种单位】 同津绿1号黄瓜。

99. 津绿4号黄瓜

【品种来源】 天津市黄瓜研究所育成的露地黄瓜杂交一代。1997年通过天津市农作物品种审定委员会审定。

【特征特性】 植株长势强,以主蔓结瓜为主。第一雌花着生在第四节左右,雌花节率35%左右。瓜条长棒形,长35厘米左右,单瓜重约200克。瓜把短,瓜皮深绿色,瘤显著,密生白刺,果肉绿白色,质脆,品质优,商品性好。较早熟,从播种到采收约60天,采收期60~70天。每667平方米产量5500千克左右。耐热性强。对枯萎病、霜霉病和白粉病抗性强。

【栽培要点】 天津地区保护地育苗一般在3月中下旬到4月上旬播种,苗龄30~35天。露地直播覆土厚度1.5~2厘米,过浅会造成小苗"戴帽"出土,过深种子养分消耗过多,二者都会形成弱苗。定植后每667平方米保苗3200株左右。当瓜秧开始结瓜时,下部容易分枝,10节以下的分枝要及时去掉。中上部出现的分枝,每一分枝留1条瓜,瓜上留1~2片叶摘心,以免瓜秧疯长。

【种植地区】 适宜天津等地区春秋露地栽培。

【供种单位】 同津绿1号黄瓜。

100. 津绿5号黄瓜

【品种来源】 天津市绿丰园艺新技术开发有限公司育成。

【特征特性】 瓜条顺直,长35厘米左右,瓜皮深绿色,有光泽,刺瘤明显,商品性好。果肉淡绿色,质脆,味甜,品质优。抗病性强。每667平方米产量5500千克左右。

【栽培要点】 天津地区春露地栽培一般于3月中下旬到4月上旬于保护地播种育苗,苗龄30~35天。施足底肥,及时追肥,及时采收。

【种植地区】 适宜天津等地春秋露地及地膜覆盖栽培。

【供种单位】 同津绿1号黄瓜。

101. 农城8号黄瓜

【品种来源】 西北农林科技大学园艺学院育成。

【特征特性】 早熟。生长势强,分枝力弱。雌花节率50%,果形指数8.2左右。瓜长32~35厘米,横径4.2厘米左右,单瓜重100~150克。瓜把细,皮深绿,瘤显著,刺密、白色,果肉绿白,商品性好,品质佳。抗枯萎病,耐霜霉病和炭疽病。

【栽培要点】 根据当地气候条件及栽培目的确定播种期。施足底肥,结瓜期加强肥水管理。及时采收。

【种植地区】 适宜北方各地春季大棚栽培。

【供种单位】 西北农林科技大学农城种业科技推广中心。地址:陕西省杨凌渭惠路3号园艺学院。邮编:712100。电话:029—87083306。

102. 农城2号黄瓜

【品种来源】 西北农林科技大学园艺学院育成。

【特征特性】 早熟。生长势强,分枝力较强。第一雌花着生于主蔓第四节,雌花节率40%~50%,果形指数9左右。瓜长35厘米,横径4厘米,单瓜重150~200克。瓜把细,皮绿,头部色较淡,瘤显著,刺密、白色,果肉绿白,商品性好,品质佳。较耐热,抗霜霉病、枯萎病和白粉病,耐炭疽病。

【栽培要点】 同农城8号黄瓜。

【种植地区】 适宜北方各地春季大棚及露地栽培。

【供种单位】 同农城8号黄瓜。

103. 农城7号黄瓜

【品种来源】 西北农林科技大学园艺学院育成。

【特征特性】 早熟。生长势强,分枝力弱。第一雌花着生于主蔓第四至第五节,雌花节率40%左右,果形指数8.5左右。瓜长34~36厘米,横径4.3厘米左右,单瓜重150克左右。瓜把细短,皮深绿,无黄色条纹,瘤较显著,刺密、白色,商品性好,品质佳。较耐热,抗霜霉病和枯萎病,耐白粉病和炭疽病。

【栽培要点】 同农城8号黄瓜。

【种植地区】 适宜北方各地春季大棚及露地栽培。

【供种单位】 同农城8号黄瓜。

104. 农城3号黄瓜

【品种来源】 西北农林科技大学园艺学院育成。

【特征特性】 早熟。生长势强,分枝力弱。第一雌花着生于主蔓第四节左右,雌花节率50%~60%,果形指数8.5左右。瓜长32~34厘米,横径4厘米,单瓜重150克。瓜把细,皮绿,瘤显著,刺密、白色,果肉绿白,商品性好,品质佳。耐低温,抗枯萎病,较耐炭疽病和霜霉病。

【栽培要点】 同农城8号黄瓜。

【种植地区】 适宜北方各地春季大棚栽培及冬春日光温室栽培。

【供种单位】 同农城8号黄瓜。

105. 农城4号黄瓜

【品种来源】 西北农林科技大学园艺学院育成。

【特征特性】 中早熟。生长势强,分枝性强。第一雌花着生于主蔓第四至第五节,雌花节率40%左右,果形指数9左右。瓜长35~38厘米,横径4.2厘米左右,单瓜重200克。瓜把短,皮绿,色泽均匀,瘤明显,刺密、白色。耐热,高抗霜霉病、枯萎病和白粉病,较抗炭疽病。

【栽培要点】 同农城8号黄瓜。

【种植地区】 适宜北方各地春秋露地及秋延后栽培。

【供种单位】 同农城8号黄瓜。

106. 西农58号黄瓜

【品种来源】 西北农林科技大学园艺学院育成。

【特征特性】 中晚熟。生长势强。秋季以侧蔓结瓜为主。瓜长45~56厘米,棱瘤较小,果皮绿色,单瓜重200~250克。耐热,抗枯萎病、霜霉病、白粉病、炭疽病和病毒病。

【栽培要点】 同农城8号黄瓜。

【种植地区】 适宜北方各地春季小拱棚覆盖栽培及夏秋露地栽培。

【供种单位】 同农城8号黄瓜。

107. 春4号黄瓜

【品种来源】 新泰市祥云种业有限公司育成。

【特征特性】 较早熟。长势强。以主蔓结瓜为主,节成性强,节节有瓜,侧蔓也有结瓜能力。瓜条棍棒状,白刺,刺瘤明显,瓜条长35厘米左右,肉厚,瓜皮绿色。抗霜霉病、白粉病和枯萎病。

【栽培要点】 苗龄35天左右,每667平方米定植3 500株左右,一般株距30厘米,行距65~70厘米。施足底肥,采收期间及时追肥、浇水。

【种植地区】 适宜山东等省小棚、地膜覆盖栽培、春秋露地栽培及秋延后栽培。

【供种单位】 新泰市祥云种业有限公司。地址:山东省新泰市西张庄高孟。邮编:271209。电话:0538—7572138。

108. 山农6号黄瓜

【品种来源】 山东农业大学与新泰市祥云种业有限公司联合育成。

【特征特性】 早熟,生长势强。第一雌花着生于第三至第四节,瓜长40厘米左右,瓜把短,质脆、清香,果肉淡绿色。抗病,耐低温。一般每667平方米产量7 500千克。

【栽培要点】 多年连茬地块宜采用嫁接方式种植,定植时浇足水,日光不足时要经常通风。

【种植地区】 适宜山东省等地保护地栽培。

【供种单位】 同春4号黄瓜。

109. 早春王黄瓜

【品种来源】 新泰市祥云种业有限公司育成。

【特征特性】 抗寒和抗病能力较强。瓜长35厘米左右，每667平方米产量8 000千克左右。

【栽培要点】 苗龄35天左右，施足底肥，及时浇水。

【种植地区】 适宜早春小棚栽培、地膜覆盖栽培和露地栽培。

【供种单位】 同春4号黄瓜。

110. 湘园3号黄瓜

【品种来源】 隆平高科湘园瓜果种苗分公司育成。2000年通过湖南省农作物品种审定委员会审定。

【特征特性】 分枝性弱。主蔓第三至第四节开始出现雌花，雌花节率51%左右。主蔓结瓜，有回头瓜，节成性强。瓜条长棒状，长34厘米左右，横径4.2厘米左右，单瓜重300克左右。瓜皮深绿色，有光泽，刺黑色。特早熟，从播种至始花约37天，从播种至始收约45天，生育期70～110天。较抗霜霉病、疫病和枯萎病。每667平方米产量4 000千克左右。

【栽培要点】 长江流域设施早熟栽培1月中旬至2月中旬播种，电热床育苗，3月中旬以前定植；露地栽培于3月中旬至4月上旬播种，电热或冷床育苗，4月上中旬定植。每667平方米定植3 500株左右。搭架栽培，及时绑蔓。设施早熟栽培一般4月下旬始收，6月中旬拉秧。地面覆盖栽培和露地栽培5月上旬始收，6月中下旬拉秧。

【种植地区】 适宜湖南等省春季设施早熟栽培、地膜覆盖栽培和露地栽培。

【供种单位】 隆平农业高科技股份有限公司湘园瓜果种苗分

公司。地址:湖南省长沙市芙蓉区马坡岭湖南省农科院。邮编:410125。电话:0731—4692464。

111. 湘春7号黄瓜

【品种来源】 隆平高科湘园瓜果种苗分公司育成。

【特征特性】 中晚熟。植株前期生长较慢,后期不易早衰,生长势旺盛。分枝多,主蔓、侧枝同时结瓜。瓜条棍棒形,刺瘤中等,长30~35厘米,单瓜重约250克。瓜条深绿色,瓜顶无黄色条纹。耐热性强,抗霜霉病、枯萎病和疫病等多种病害。每667平方米产量5500千克。

【栽培要点】 长江流域及以南地区可春播。但多用于夏秋季栽培。夏秋栽培6~7月直播于大田。主侧枝同时结瓜,因此要保证充足肥水条件,增施磷钾肥。一般每667平方米定植3500~4000株。当瓜秧开始结瓜时,下部出现分枝,第十节以下侧枝全部剪掉。

【种植地区】 适于北方塑料大棚越夏栽培、秋延后栽培及南方夏秋季栽培。

【供种单位】 同湘园3号黄瓜。

112. 湘园1号黄瓜

【品种来源】 隆平高科湘园瓜果种苗分公司育成。

【特征特性】 植株分枝较弱,雌花节率高,极早熟。瓜条匀称,瓜皮白色,品质好,抗逆性强。一般每667平方米产量4000~5000千克。

【栽培要点】 湖南地区于2月下旬至4月上旬播种,双行种植,穴距0.5~0.8米,每穴2株。重施基肥,每667平方米栽4000株左右,用种量150克。勤施追肥,及时采收。

【种植地区】 湖南省。

【供种单位】 同湘园3号黄瓜。

113. 湘园2号黄瓜

【品种来源】 隆平高科湘园瓜果种苗分公司育成。

【特征特性】 植株蔓生,有少量分枝。第一雌花着生于主蔓第四至第五节。雌花节率50%以上,节成性强。瓜圆柱形,白色或绿白色,瘤小而稀。抗霜霉病、白粉病、枯萎病和疫病等多种病害。

【栽培要点】 多施有机肥做基肥,勤追肥。适时采收,及时采收根瓜。

【种植地区】 适宜长江流域及其以南地区早春大棚、小拱棚等保护地栽培或春露地栽培。

【供种单位】 同湘园3号黄瓜。

114. 湘园4号黄瓜

【品种来源】 隆平高科湘园瓜果种苗分公司育成。

【特征特性】 植株蔓生,分枝性强,生长势旺盛。全雌性,节节有瓜。瓜圆柱形,深绿色,无刺,光滑。味甜,清香,口感好,耐霜霉病、白粉病和枯萎病。

【栽培要点】 植株分枝性强。为保证植株苗期营养生长和提高产量,摘除所有底部侧枝和第五节以下雌花。重施基肥,勤追肥。

【种植地区】 适宜湖南省等地越冬温室栽培及春大棚栽培。

【供种单位】 同湘园3号黄瓜。

115. 中农201黄瓜

【品种来源】 中国农科院蔬菜花卉研究所育成的一代杂种。2000年通过北京市农作物品种审定委员会审定。

【特征特性】 植株约17片叶后自封顶，不易徒长，雌性强。主蔓结瓜，瓜码密。瓜棒形，长约28厘米，横径3.2～3.5厘米，单瓜重150～200克。把短，条直，无黄条，皮色深绿、有光泽，白刺，味微甜，口感好。熟性极早，早期增产显著，采收期集中。田间表现抗白粉病、枯萎病和黑星病等多种病害。

【栽培要点】 北京地区春大棚3月上旬育苗，春温室或日光温室2月中下旬育苗。其他地区根据气候条件适当提早或推迟播期，苗龄25～28天，不能过长。苗期无需蹲苗，注意防寒保温。每667平方米栽苗3500～4000株。定植后及早搭架绑蔓，及时摘除植株基部第三至第四节以下的雌花，防止植株因坠秧而早衰。及时采收，适当疏掉发育不良的幼瓜。在施足基肥的基础上，加强定植缓苗后的促苗肥和坐果后的催果肥的管理，每采收1～2次后追施1次速效氮肥。

【种植地区】 适宜华北等地区春季保护地的间(套)作或短季节茬口栽培。

【供种单位】 中国农科院蔬菜花卉研究所。地址：北京市海淀区中关村南大街12号。邮编：100081。电话：010—68919544。

116. 中农202黄瓜

【品种来源】 中国农科院蔬菜花卉研究所育成的一代杂种。2000年通过北京市农作物品种审定委员会审定，2002年3月通过黑龙江省农作物品种审定委员会审定。

【特征特性】 植株生长势较强，全雌性，主蔓结瓜，节成性良好。抗白粉病、枯萎病、角斑病、黑星病和霜霉病等。苗龄短，极早熟，早期产量和总产量高。瓜棒形，长28～30厘米，横径3～3.5厘米，单瓜重150～200克。把短，条直，无黄条，皮色深绿、有光泽，白刺，刺瘤中等，瓜皮薄，心腔小，商品性好，品质脆嫩，味微甜，无苦味。

【栽培要点】 北京地区春大棚种植,2月中下旬催芽、播种育苗。苗龄视育苗条件而异,一般为22~30天。大小行种植,株距25~28厘米,大行行距90~95厘米,小行行距40厘米。每667平方米栽3500株左右。根据肥水条件和植株生长势,适当摘除发育不良的幼果。及时采收,特别是早期瓜要早采、勤采。该品种较喜肥,需加强肥水管理,要施足底肥,及时追肥。

【种植地区】 适宜全国大部分地区春季各类保护地栽培。

【供种单位】 同中农201黄瓜。

117. 中农203黄瓜

【品种来源】 中国农科院蔬菜花卉研究所育成的一代杂种。2001年通过北京市农作物品种审定委员会审定。

【特征特性】 植株生长势较强,强雌性,主蔓结瓜,节成性良好。抗白粉病、枯萎病、角斑病、黑星病和霜霉病等。早熟,早期产量和总产量高,采收期集中。瓜棒形,长28~30厘米,横径3~3.5厘米,单瓜重150~200克。把短,条直,无黄条,皮色深绿、有光泽,白刺,刺瘤较密,瓜皮薄,心腔小,商品性好,品质脆嫩,味微甜,无苦味。

【栽培要点】 育苗每667平方米用种量150克。北京地区春棚一般2月下旬至3月上旬育苗。苗龄20~30天,视育苗条件而异,不能过长。日光温室春茬2月上中旬育苗,苗龄30天,2~3叶定植,定植前无需蹲苗。适当稀植,每667平方米栽苗3500株。该品种喜肥水,需施足底肥,勤追肥。

【种植地区】 适宜全国大部分地区春季各类保护地栽培。

【供种单位】 同中农201黄瓜。

118. 中农207黄瓜

【品种来源】 中国农科院蔬菜花卉研究所育成的一代杂种。

【特征特性】 植株生长势强,全雌性,主蔓结瓜,节成性良好。抗白粉病、枯萎病、角斑病、黑星病和霜霉病等。中早熟,采收期长。瓜棒形,长 28 ~ 30 厘米,横径 3 ~ 3.5 厘米,单瓜重 150 ~ 200 克。把短条直,无黄条,皮色深绿,有光泽,白刺,刺瘤中等,瓜皮薄,心腔小,商品性好,品质脆嫩,味微甜无苦味。每 667 平方米产量 5 000 ~ 8 000 千克。

【栽培要点】 北京地区于 2 月中旬至 3 月上旬在温室播种育苗,每 667 平方米用种量约 150 克。苗龄一般为 25 ~ 28 天,3 月上旬至下旬幼苗 2 叶 1 心时定植,株距 25 ~ 28 厘米,大行行距 90 ~ 95 厘米,小行行距 40 厘米。每 667 平方米定植 3 500 株。施足底肥,及时追肥。基部雌花尽早打掉。早期瓜要早采,中后期瓜要勤采,适当摘除中后期发育不良的幼瓜。

【种植地区】 适宜全国大部分地区春季各类保护地栽培。在嫁接栽培的情况下,也可进行秋延后保护地栽培。

【供种单位】 同中农 201 黄瓜。

119. 中农 208 黄瓜

【品种来源】 中国农科院蔬菜花卉研究所育成的一代杂种。

【特征特性】 植株生长势强,全雌性,主蔓结瓜,节成性良好。抗白粉病、枯萎病、角斑病、黑星病和霜霉病等。中早熟,采收期长。瓜棒形,长 28 ~ 30 厘米,横径 3 ~ 3.5 厘米,单瓜重 150 ~ 200 克。瓜把短,瓜条顺直,无黄条,皮色深绿,有光泽,白刺,刺瘤中等,瓜皮薄,心腔小,商品性好,品质脆嫩,味微甜,无苦味。每 667 平方米产量 5 000 ~ 8 000 千克。

【栽培要点】 苗龄一般为 25 ~ 30 天,其他同中农 207 黄瓜。

【种植地区】 适宜全国大部分地区春季各类保护地栽培。

【供种单位】 同中农 201 黄瓜。

120. 中农 215 黄瓜

【品种来源】 中国农科院蔬菜花卉研究所育成的一代杂种。

【特征特性】 植株生长势较强,全雌性,主蔓结瓜,节成性良好。抗白粉病、枯萎病、角斑病、黑星病和霜霉病等。早熟。瓜棒形,长 28 厘米左右,横径 3~3.5 厘米,单瓜重 150~180 克。瓜把短,瓜条顺直,无黄条,瓜绿色,表皮光亮,无瘤,小白绒刺较稀,味微甜,无苦味,商品性好,品质脆嫩。每 667 平方米产量 5 000 千克左右。

【栽培要点】 同中农 201 黄瓜。

【种植地区】 适宜全国大部分地区春季各类保护地栽培。

【供种单位】 同中农 201 黄瓜。

121. 中农 21 号黄瓜

【品种来源】 中国农科院蔬菜花卉研究所育成的一代杂种。

【特征特性】 早熟。全生育期 260 天左右。始花节位第四至第六节,果形长棒状,瓜条顺直,果皮深绿色,瘤中等大,刺密,果肉淡绿色,瓜长约 35 厘米,横径 3 厘米左右,单瓜重约 200 克。耐寒性强。耐贮性好。抗黑星病、枯萎病和角斑病等。周年生产每 667 平方米产量 10 000 千克以上。

【栽培要点】 选择疏松肥沃非瓜类重茬地种植。施足基肥。华北地区日光温室冬茬 9 月下旬至 10 月上旬育苗,苗龄 20~25 天,日光温室春茬 1 月上旬育苗,苗龄 30~35 天,小苗 2~3 片叶定植。可以利用黑籽南瓜等砧木嫁接。合理密植,每 667 平方米保苗 3 300 株左右。宜小高垄、地膜覆盖栽培。喜肥水,勤浇水追肥。抹去基部 5 节以下的侧枝,中上部侧枝见瓜后留 2 片叶摘心。

【种植地区】 适宜我国北方日光温室越冬栽培。

【供种单位】 同中农 201 黄瓜。

122. 中农 5 号黄瓜

【品种来源】 中国农科院蔬菜花卉研究所育成的早熟雌型一代杂种。1992 年通过全国农作物品种审定委员会审定。

【特征特性】 植株生长速度快,以主蔓结瓜为主,回头瓜多。第一雌花着生于主蔓第二至第三节,其后连续出现雌花。雌性强,雌株率 90%以上。结瓜早而集中,瓜条发育速度快,耐低温,早熟性强。瓜长棒状,瓜色深绿,瘤小刺密,白刺,瓜长 22~32 厘米,横径约 3 厘米,瓜把短,单瓜重 100~150 克,果实清香,瓜条商品性好。抗疫病、枯萎病、细菌性角斑病、黄瓜花叶病毒病及西葫芦花叶病毒病,耐霜霉病。平均每 667 平方米产量 6 200 千克。

【栽培要点】 华北地区日光温室 1 月中下旬育苗,苗龄 30~35 天,春棚 2 月中旬育苗,苗龄 30 天,注意培育短龄壮苗,苗期控温不控水,2~3 片叶小苗定植,定植前不宜蹲苗。适当稀植,每 667 平方米日光温室栽苗 3 200 株,春棚栽苗 4 000 株。第五节以下雌花全部打掉。喜肥水,施足底肥,勤追肥,及时采收。

【种植地区】 适宜华北等地春大棚、日光温室春茬栽培。

【供种单位】 同中农 201 黄瓜。

123. 中农 6 号黄瓜

【品种来源】 中国农科院蔬菜花卉研究所育成的中熟一代杂种。

【特征特性】 生长势强,主侧蔓结瓜。第一雌花着生于主蔓第三至第六节,每隔 3~5 片叶出现一雌花。瓜棍棒形,瓜色深绿,有光泽,无花纹,瘤小,刺密,白刺,无棱。瓜长 30~35 厘米,横径约 3 厘米,单瓜重 150~200 克。瓜把短,心腔小,质脆味甜,商品性好。抗霜霉病、白粉病和黄瓜花叶病毒病。耐热。每 667 平方米产量 4 500~5 000 千克。

【栽培要点】 华北地区3月上中旬育苗,苗龄30～35天,4月中旬定植。每667平方米栽苗4 000～4 500株。施足底肥,勤追肥,及时采收,侧枝见瓜后留2叶摘心。苗期喷100～150毫克/千克乙烯利可提高前期产量。

【种植地区】 适宜华北等地春露地栽培和华南地区夏秋季栽培。

【供种单位】 同中农201黄瓜。

124. 中农7号黄瓜

【品种来源】 中国农科院蔬菜花卉研究所育成的早熟雌型三交种。1994年通过山西省农作物品种审定委员会审定。

【特征特性】 生长势强,生长速度快,以主蔓结瓜为主,侧枝强。第一雌花着生于主蔓第二至第三节,雌株率50%～80%,熟性早,从播种到始收60～65天,前期结瓜集中。瓜长棒形,瓜色深绿,有光泽,无花纹,刺瘤中密,无棱,白刺,瓜长30～35厘米,横径3.5厘米左右,单瓜重150～200克。瓜把短,心腔小,肉厚,质脆,味甜,品质好。高抗黑星病,抗枯萎病、霜霉病和白粉病。每667平方米产量5 000～7 500千克。

【栽培要点】 华北地区春棚2月中旬育苗,苗龄30天,日光温室春茬1月中旬育苗,苗龄30～35天,小苗2～3片叶定植。抹去基部第五节以下的雌花及分枝,以利于提早结瓜。适当稀植,每667平方米栽苗3 000～3 500株。喜肥水,施足底肥,勤追肥,勤采收。较耐低温,抗病性强。雌花多,苗期不需嫁接和喷乙烯利等催瓜素。嫁接后长势过旺,延迟采收。

【种植地区】 适宜华北、西北、华东等地区春棚及日光温室春茬栽培。

【供种单位】 同中农201黄瓜。

125. 中农10号黄瓜

【品种来源】 中国农科院蔬菜花卉研究所育成的中熟雌型一代杂种。2001年通过山西省农作物品种审定委员会审定。

【特征特性】 植株生长势及分枝性强,叶色深绿,主侧蔓结瓜,瓜码密,丰产性好。抗霜霉病、白粉病和枯萎病等。瓜色深绿,略有条纹,瓜长30厘米左右,横径约3厘米,单瓜重150~200克。刺瘤密,白刺,无棱,瓜把极短,肉质脆甜,品质好。耐热,抗逆性强,在夏秋季高温长日照条件下,表现为强雌性,瓜码比一般品种密。春季栽培,每667平方米产量为5 000~6 000千克,秋季栽培为3 000~4 000千克。

【栽培要点】 华北地区春露地于3月上中旬育苗,苗龄30~35天,不宜蹲苗,4月中旬定植。秋露地7月底或8月初直播,9月中旬始收。秋棚8月中旬直播,9月下旬始收。

【种植地区】 适宜华东、华北、东北、西北地区春秋露地栽培,最适宜秋棚延后栽培。

【供种单位】 同中农201黄瓜。

126. 中农1101黄瓜

【品种来源】 中国农科院蔬菜花卉研究所育成的中晚熟雌型一代杂种。1990年通过全国农作物品种审定委员会审定。

【特征特性】 植株生长势及分枝性强,叶色深绿,以主蔓结瓜为主,侧枝2~3个。第一雌花着生于主蔓第五至第八节,雌花密,雌株率90%左右,结瓜集中。瓜长棒形,瓜色深绿,刺瘤适中,无棱,浅黄刺,瓜长30~40厘米,单瓜重150~200克。肉质脆甜,品质好。抗热耐寒,抗逆性强。抗霜霉病、白粉病,耐疫病。每667平方米产量5 000千克左右。

【栽培要点】 华北地区春季于3月上中旬育苗,4月中下旬定植。秋季8月上旬直播,9月中旬始收。苗龄30~35天,不宜蹲苗。施足底肥,勤追肥,及时采收。摘除第六节以下侧枝,以利于主蔓提早结瓜。适当稀植,每667平方米栽苗3000~3500株。生长期叶面喷肥6~10次,可提高中后期产量。

【种植地区】 适宜华北等地春秋露地栽培和秋棚延后栽培。

【供种单位】 同中农201黄瓜。

127. 中农118号黄瓜

【品种来源】 中国农科院蔬菜花卉研究所育成。

【特征特性】 中熟。全生育期120天左右。始花节位在第五节左右。瓜长棒状,瓜条顺直,果皮深绿色,有光泽,瘤中,刺密,瓜肉淡绿色,质脆味甜,瓜长35厘米左右,瓜把短,横径3厘米左右,单果重约300克。耐热性强。耐贮性好。抗霜霉病、白粉病和病毒病等。每667平方米产量5000千克以上。

【栽培要点】 同中农6号。

【种植地区】 适宜全国各地露地栽培。

【供种单位】 同中农201黄瓜。

128. 中农12号黄瓜

【品种来源】 中国农科院蔬菜花卉研究所育成的早中熟一代杂种。

【特征特性】 植株生长速度快,结瓜集中,以主蔓结瓜为主。第一雌花始于主蔓第三至第四节,每隔2~3片叶出现1~3节雌花,瓜码密。瓜条长棒形,瓜长30厘米左右,瓜把短,约2厘米,瓜色深绿均匀,有光泽,瘤小,刺白、中等密度,易于洗涤,单瓜重150~200克。口感脆甜,瓜条商品性及品质佳,作为水果黄瓜风味佳。早熟性好,从播种到始收仅需50天,每667平方米产量达5000千克以上。抗霜霉病、白粉病、黄瓜花叶病毒病和角斑病,中抗黑星病和枯萎病。

【栽培要点】 华北地区春茬日光温室栽培1月中旬育苗,2月中旬定植,3月中旬始收;春棚2月中下旬育苗,3月中下旬定植,4月中下旬始收。春露地3月中旬播种,4月中下旬定植,5月底始收。秋棚延后栽培可在7月下旬直播或育苗。该品种侧枝少,适宜密植,每667平方米栽4000株左右。定植前施足底肥,根瓜坐住后及时追肥浇水;打掉基部侧枝,中上部侧枝见瓜后留2叶摘心。由于该品种瓜码密,瓜条发育速度快,商品瓜需及时采收。露地种植后期注意防治蚜虫、红蜘蛛等害虫。

【种植地区】 适宜华北等地早春露地栽培、早春保护地栽培和秋延后栽培,短季节栽培表现尤为突出。

【供种单位】 同中农201黄瓜。

129. 中农13号黄瓜

【品种来源】 中国农科院蔬菜花卉研究所育成。1999年和2000年分别通过北京市和黑龙江省农作物品种审定委员会审定。

【特征特性】 该品种系日光温室专用雌型三交种,植株生长势强,生长速度快,以主蔓结瓜为主,侧枝短,回头瓜多。第一雌花始于主蔓第二至第四节,单性结果能力强,连续结果性好,可多条瓜同时生长。耐低温性强。早熟,瘤小刺密,白刺,无棱。瓜长25~35厘米,横径3.2厘米左右,单瓜重150克左右。质脆,味甜,品质佳,商品性好。高抗黑星病、枯萎病、疫病和细菌性角斑病,耐霜霉病。每667平方米产量6000~7000千克。

【栽培要点】 华北地区日光温室冬茬10月上旬育苗,苗龄为20~25天;日光温室春茬1月上旬育苗,苗龄为30~35天,小苗2~3片叶定植。适当稀植,每667平方米保苗3300株左右。宜小高垄、地膜覆盖栽培。喜肥水,施足基肥。勤浇水追肥。生长中后期可结合防病喷叶面肥6~10次,提高中后期产量。苗期温度不低于12℃,采收期要加大通风量,温度控制在30℃以下。抹去基部第五节以下的雌花,以利于集中养分早结瓜。本品种雌花多,耐低温不耐高温,可不嫁接,不打催瓜素。勤采收,及时摘去畸形幼瓜。

【种植地区】 适宜东北、华北、华东地区冬茬日光温室栽培。

【供种单位】 同中农201黄瓜。

130. 中农14号黄瓜

【品种来源】 中国农科院蔬菜花卉研究所育成。2002年通过山西省农作物品种审定委员会认定。

【特征特性】 新育成的抗病、优质中熟黄瓜一代杂种。第一雌花始于第五至第七节,瓜长棒形,瓜条顺直,瓜皮绿色,有光泽,瘤小,白刺密,质脆味甜,果肉淡绿色,瓜长35厘米左右,瓜把短,横径约3厘米,单瓜重200克左右,基本无花纹。抗霜霉病、白粉病、细菌性角斑病和黄瓜花叶病毒病。耐热性强。每667平方米产量5000千克以上。

【栽培要点】 同中农8号

【种植地区】 适宜春秋露地及秋棚栽培。

【供种单位】 同中农201黄瓜。

131. 中农15号黄瓜

【品种来源】 中国农科院蔬菜花卉研究所育成。

【特征特性】 中熟。全生育期260天左右。第一雌花着生于第三至第四节,瓜条顺直,瓜皮深绿色,有光泽,瘤小,刺稀,瓜肉淡绿色,质脆味甜,瓜长20厘米左右,瓜把短,横径约3厘米,单瓜重约100克。抗枯萎病、黑星病、霜霉病和白粉病。耐寒性、耐热性较强,耐贮性好。每667平方米产量7000千克以上。

【栽培要点】 华北地区越冬茬日光温室9月中下旬至10月

上中旬播种育苗，苗龄 20～25 天；日光温室 1 月中旬育苗，2 月中旬定植，3 月中旬始收。春棚 2 月中下旬育苗，3 月中下旬定植，4 月中下旬始收。秋棚 7 月下旬至 8 月上旬直播，9 月中下旬始收。每 667 平方米栽 2500～3000 株。最好采用南瓜嫁接。畦宽 1.2～1.3 米，大小行种植，地膜覆盖栽培。施足优质底肥，勤浇水追肥，定期防治病虫害，及时采收。商品瓜采收期间可结合防病虫喷施叶面肥，每 7 天喷 1 次。打掉第七节以下侧枝，其上侧枝留 2 叶 1 瓜摘心。育苗每 667 平方米用种量 100～150 克，直播用种量 250 克左右。

【种植地区】 适宜华北等地越冬日光温室、春棚和春茬日光温室栽培。

【供种单位】 同中农 201 黄瓜。

132. 中农 16 号黄瓜

【品种来源】 中国农科院蔬菜花卉研究所育成。

【特征特性】 早熟，从播种到采收仅需 52 天。全生育期 120 天左右。第一雌花着生于第三至第四节，瓜码较密，瓜形长棒状，瓜条顺直，瓜皮深绿色，有光泽，瘤小，刺密，瓜肉淡绿色，质脆味甜，瓜长 30 厘米左右，瓜把长 2 厘米左右，横径约 3 厘米，单瓜重 150～200 克。耐热性较强。耐贮性好。抗霜霉病、白粉病、枯萎病和黄瓜花叶病毒病。每 667 平方米产量 5000 千克以上。

【栽培要点】 华北地区春露地 3 月中旬播种，4 月中下旬定植，5 月底始收。秋棚延后栽培可在 7 月下旬直播或育苗。育苗每 667 平方米用种量 150 克，直播用种量 200 克左右。该品种侧枝少，适于密植，每 667 平方米保苗 4000 株左右。施足基肥，勤浇水追肥，根瓜坐住后及时追肥；打掉基部侧枝，中上部侧枝留 1 瓜 2 叶后摘心。注意防治蚜虫和红蜘蛛。商品瓜要及时采收。

【种植地区】 适宜华北等地春露地及秋棚延后栽培。

【供种单位】 同中农201黄瓜。

133. 中农19号黄瓜

【品种来源】 中国农科院蔬菜花卉研究所育成。

【特征特性】 早熟。全生育期260天左右。雌性系品种,长势和分枝性极强,节间短粗。瓜形短筒状,瓜皮亮绿色,瓜面较光滑,果肉淡绿色,口感脆甜,瓜长15~20厘米,瓜把极短,横径约3厘米,单瓜重100克左右。耐寒性强,耐热性较强。耐贮性好。抗枯萎病、黑星病、霜霉病和白粉病。每667平方米产量10 000千克以上。

【栽培要点】 华北地区春茬日光温室1月中旬育苗,2月中旬定植,3月中旬始收。春棚2月中下旬育苗,3月中下旬定植,4月中下旬始收。越冬茬日光温室9~10月份播种育苗。育苗每667平方米用种量约100克,稀植,每667平方米保苗2 000~3 000株。打掉全部侧枝及第五节以内雌花,注意疏花疏果,及时摘除畸形瓜纽,植株及时整枝落蔓。施足底肥,勤浇水追肥, 商品瓜要及时采收。该品种不宜喷乙烯利、增瓜灵等激素。

【种植地区】 适宜华北等地越冬日光温室栽培、春棚栽培和春茬日光温室栽培。

【供种单位】 同中农201黄瓜。

134. 中农8号黄瓜

【品种来源】 中国农科院蔬菜花卉研究所育成的中熟一代杂种。1999年通过全国农作物品种审定委员会审定。

【特征特性】 生长势强,株高2.2米以上,主侧蔓结瓜。第一雌花着生于主蔓第四至第七节,每隔3~5片叶出现一雌花。瓜长棒形,瓜色深绿,有光泽,无花纹,瘤小,刺密,白刺,无棱。瓜长35~40厘米,横径3~3.5厘米,单瓜重150~200克。瓜把短,质脆味甜,品质佳,商品性好。抗霜霉病、白粉病、枯萎病和病毒病。每667平方米产量5000千克以上。该品种除鲜食外,也是加工腌渍的优良品种。

【栽培要点】 华北地区3月中旬育苗,4月中下旬定植。每667平方米栽苗4500株左右。施足底肥,勤追肥,及时采收,满架前打顶。中上部侧枝留1瓜2叶摘心。苗期喷100~150毫克/千克乙烯利可提高前期产量。

【种植地区】 适宜全国各地露地栽培。

【供种单位】 同中农201黄瓜。

135. 中农9号黄瓜

【品种来源】 中国农科院蔬菜花卉研究所育成的中早熟少刺型一代杂种。

【特征特性】 生长势强,第一雌花始于主蔓第三至第四节,每隔3~4节出现1~2节雌花,前期以主蔓结瓜为主,中后期侧枝结瓜,雌花节多为双瓜。瓜短筒形,瓜色深绿一致,有光泽,无花纹,瓜把短,刺瘤稀,白刺,瓜长15~20厘米,单瓜重约100克。每667平方米产量7500~15000千克。抗枯萎病、黑星病和细菌性角斑病,中抗霜霉病。耐低温弱光能力强,严冬季节不易花打顶,早春返秧速度快。

【栽培要点】 同中农15号黄瓜。

【种植地区】 适宜华北等地日光温室冬茬栽培、春茬栽培、春棚栽培及秋棚延后栽培。

【供种单位】 同中农201黄瓜。

第五章 冬瓜(节瓜)优良品种

一、冬瓜优良品种

1. 银铃4号冬瓜

【品种来源】 北京市海淀区农科所育成。

【特征特性】 中熟,生长势强,生育期120天左右。主蔓结瓜,第一雌花着生于第十二至第十六节,春播开花后约32天进入商品成熟期。瓜为长圆筒形,老熟瓜瓜面有毛和白蜡粉,肉白色。单瓜重3~6千克。每667平方米产量5000千克左右。

【栽培要点】 每株留1个瓜,小架栽培,株距60厘米,行距80厘米,摘除侧蔓。瓜前留4~5片叶摘心。瓜长到鸭蛋大小时浇第一次催瓜水,以后每隔10天左右浇1次水,适当追肥。

【种植地区】 适宜北京等地春夏栽培。

【供种单位】 北京市海淀区农科所。地址:北京市海淀区海淀镇草桥7号。邮编:100080。电话:010—62578838。

2. 银铃1号冬瓜

【品种来源】 北京市海淀区农科所育成。

【特征特性】 早熟,生长势中等,生育期100天左右。主蔓结瓜,第一雌花着生于第六至第十节,春播开花后25天左右进入商品成熟期。瓜为铃铛形,嫩瓜为绿色,瓜面有毛和白蜡粉,肉白色。单瓜重1~3千克。

【栽培要点】 北京地区秋冬茬保护地栽培最佳播期为7月

20日左右。摘除侧蔓。最后1个瓜前留4~5片叶摘心。瓜长到鸭蛋大小时浇催瓜水。

【种植地区】 适宜北京等地保护地栽培。

【供种单位】 同银铃4号冬瓜。

3. 粉杂1号冬瓜

【品种来源】 湖南省长沙市蔬菜科学研究所育成。

【特征特性】 中晚熟。果实长炮弹形,瓜皮绿色,成熟时瓜面被有白色蜡粉。生育期120~140天,果实经济性状好,商品率高,种子囊腔小,质地致密,耐贮藏运输。单瓜重10~19千克。每667平方米产量6000~12000千克。

【栽培要点】 长江流域4月上旬至5月中下旬播种。海南省和华南地区反季节栽培,依本品种特性,使冬瓜果实膨大期避开1~2月低温季节即可。爬地栽培,每667平方米栽400~500株;篱架栽培,每667平方米栽800~900株。以有机肥为主,施足基肥,适时追肥。主蔓结单瓜,宜选第二至第三个雌花坐瓜。如遇恶劣气候,辅以人工授粉。摘除侧枝、卷须及无效花蕾。篱架栽培,注意将冬瓜功能叶调整在各个不同立体空间位置,使其充分利用光能。因地制宜灌溉和防治病虫害。

【种植地区】 适宜湖南省等地种植。

【供种单位】 湖南省长沙市蔬菜科学研究所。地址:长沙市开福区马栏山。邮编:410003。电话:0731—4613304。

4. 粉杂2号冬瓜

【品种来源】 湖南省长沙市蔬菜科学研究所育成。

【特征特性】 早熟。果实圆筒形,绿色,成熟时瓜面被有白色蜡粉。若采摘嫩瓜,一般可坐2个瓜,第一个瓜龄控制在25~28天,单瓜重4~6千克,应及时采收,以利于第二个瓜继续生长;如采摘老熟瓜，宜选主蔓第三或第四朵雌花坐瓜，瓜龄 45～50 天，单瓜重 10 千克以上。耐肥，抗逆性强，前期生长快，坐果率高，品质好。

【栽培要点】 长江中下游地区采用温室加热苗床育苗，大(中)型塑料大棚假植，3 月底至 4 月初定植，播种期可提前到 3 月初。若采用小拱棚育苗、地膜覆盖栽培，则于 3 月上旬播种。其他管理同粉杂 1 号冬瓜。

【种植地区】 适宜湖南省等地种植。

【供种单位】 同粉杂 1 号冬瓜。

5. 粉杂 3 号冬瓜

【品种来源】 湖南省长沙市蔬菜科学研究所育成。

【特征特性】 中熟，从出苗到第一雌花开放 60 天左右。果实圆筒形，皮绿色，成熟时瓜面被有白色蜡粉。果肉厚，种子腔小，肉质致密，食用风味好。单瓜重 10～18 千克。耐贮运，适宜远距离运输，损耗少，商品率高。每 667 平方米产量 6 000～10 000 千克。

栽培要点、种植地区、供种单位同粉杂 1 号冬瓜。

6. 青杂 1 号冬瓜

【品种来源】 湖南省长沙市蔬菜科学研究所育成的大型冬瓜品种。

【特征特性】 中晚熟。果实长炮弹形，瓜皮墨绿色。生育期 120～140 天，果实经济性状好，商品率高，种子囊腔小，质地致密，耐贮藏运输。单瓜重 10～19 千克。每 667 平方米产量 6 000～12 000 千克。

【栽培要点】 长江流域，4 月上旬至 5 月中下旬播种。海南省和华南地区反季节栽培，依本品种特性，使冬瓜果实膨大期避开 1～2 月低温季节即可。每 667 平方米爬地栽培种植 400～500 株，篱架栽培800～900株。以有机肥为主,施足基肥,适时追肥。主蔓结单瓜,宜选第二至第三个雌花坐瓜,遇恶劣气候,辅以人工授粉。摘除侧枝、卷须及无效花蕾。篱架栽培注意将冬瓜功能叶调整在各个不同立体空间位置,使其充分利用光能。夏末秋初,高温季节,注意用藤叶(或稻草等)保护果皮,以防瓜被灼伤和烂瓜。因地制宜灌溉和防治病虫害。

【种植地区】 适宜湖南省等地秋淡季栽培和南菜北运基地栽培。

【供种单位】 同粉杂1号冬瓜。

7. 青杂2号冬瓜

【品种来源】 湖南省长沙市蔬菜科学研究所育成。

【特征特性】 早熟。果实墨绿色,圆筒形。若采摘嫩瓜,一般可坐2个瓜,第一瓜龄控制在25～28天,单瓜重4～6千克。应及时采收,以利于第二个瓜继续生长。如采摘老熟瓜,宜选主蔓第三或第四朵雌花坐瓜,瓜龄45～50天,单瓜重10千克以上。耐肥,抗逆性强,前期生长快,坐果率高,品质好。

【栽培要点】 长江中下游地区采用温室加热苗床育苗,大(中)型塑料大棚假植,3月底至4月初定植,播种期可提前到3月初。若采用小拱棚育苗、地膜覆盖栽培,则于3月上旬播种。其他管理同青杂1号。

【种植地区】 适宜长江流域等地保护地早熟栽培。

【供种单位】 同粉杂1号冬瓜。

8. 青杂3号冬瓜

【品种来源】 湖南省长沙市蔬菜科学研究所育成的一代杂种。

【特征特性】 中熟,从出苗到第一雌花开放60天左右。果实圆筒形,皮黑色,果肉厚,种子腔小,肉质致密,食用风味好。单瓜重10~18千克。耐贮运,宜远距离运输,损耗少,商品率高。每667平方米产量6000~10000千克。

【栽培要点】 同青杂1号冬瓜。

【种植地区】 适宜长江流域、海南省和华南地区露地栽培。

【供种单位】 同粉杂1号冬瓜。

9. 早粉1号冬瓜

【品种来源】 由四川省成都市第一农科所和科峰种业公司选育。2003年通过四川省农作物品种审定委员会审定。

【特征特性】 早熟。种子毛边,易发芽,出苗快。植株长势强。叶片掌状。第一雌花节位在第六至第八节。果实短圆柱形,果皮浅绿,被厚蜡粉。果肉致密,肉厚4~7厘米,瓜长35~40厘米,横径22~28厘米,单瓜重5~15千克。味甜,肉质细、品质佳,商品性好。抗逆性强,具有连续坐果特性,定植到采收70天左右。每667平方米产量8000千克以上。

【栽培要点】 四川省盆地地区于2月初采用设施护根育苗,苗期保温控水,防止烂芽和徒长。1~2片真叶时定植,重施底肥。苗期宜进行地膜覆盖小拱棚栽培,防止倒春寒,以促进生长提早上市。注意田间肥水管理,及时防治病虫害。适时分批采收,促进连续坐果。需做高棚架。

【种植地区】 适宜四川省等地种植。

【供种单位】 成都科峰种业有限公司。地址:四川省成都市青羊宫望仙村1号。邮编:610072。电话:028—87014337。

10. 蓉抗1号冬瓜

【品种来源】 四川省成都市第一农科所育成的中晚熟一代杂种。

【特征特性】 分枝性强，主蔓长4.5米以上，节间长14.2厘米。叶片掌状五角形，浅裂，深绿。第一雌花位于主蔓第十六至第十七节，每隔5~6节再生雌花。果实长圆柱形，瓜长50厘米，横径23~24厘米，果皮绿色，果肉厚4~4.5厘米，内腔小，两端略下凹，老熟瓜蜡粉多，单瓜重10~15千克。品质优良，瓜形好，果肉白，质地嫩脆，煮熟后口感好，无酸味。较抗枯萎病。从播种至始收约120天。每667平方米产量6000~7000千克。

【栽培要点】 在四川盆地3月中下旬播种，苗期25~30天，每667平方米定植800株左右。及时搭架整枝，选第二至第三个雌花坐瓜，每株坐瓜1个，瓜坐稳后留7~8片叶摘心。注意防治疫病和枯萎病。

【种植地区】 适宜四川省等地露地栽培。

【供种单位】 同早粉1号冬瓜。

11. 五叶早熟冬瓜

【品种来源】 四川省成都市地方品种。

【特征特性】 生长势中等，分枝性强，以主蔓结瓜为主。第一雌花着生于主蔓第十五节左右。果实短圆柱形，长35~40厘米，白色，单瓜重6~8千克。肉质致密，微甜，品质好。每667平方米产量3000~4000千克。

【栽培要点】 成都市3月上旬至月底育苗，4月下旬至5月上旬定植，大棚育苗可提前1个月。

【种植地区】 适宜四川省种植。

【供种单位】 成都市种子总公司。地址：成都市黉门街79号。邮编：610041。电话：028—85510029。

12. 银辉冬瓜

【品种来源】 由成都市种子总公司育成。

【特征特性】 中熟,生育期 150~180 天。生长势旺,适应性强,抗枯萎病。搭架栽培或爬地种植均可。果实长圆柱形,青白色皮,上具蜡粉,果肉厚度 4~5.5 厘米,耐贮,可贮 45~60 天。单瓜重 20~25 千克。每 667 平方米产量 6000 千克。

【栽培要点】 成都地区 3 月上旬至月底育苗,4 月下旬至 5 月上旬定植,大棚育苗可提前 1 个月。每 667 平方米种植 800 株左右,重施底肥,用农家肥 2000~2500 千克做底肥,勤浇水,淡施追肥。坐果后猛施 1 次坐果肥,除去所有侧枝,留第二或第三雌花坐果,稳果后留 6~7 节摘心。

【种植地区】 适宜四川省种植。

【供种单位】 同五叶早熟冬瓜。

13. 广东黑皮冬瓜

【品种来源】 广东省地方品种。

【特征特性】 植株生长势强,第一雌花着生于第十八至第二十二节,生长期 130 天以上,以主蔓结瓜为主。瓜长圆柱形,长约 60 厘米,横径约 25 厘米,肉厚 6.5 厘米左右,皮色墨绿,肉厚而致密,瓜肉白色,耐贮运,品质好。耐热,耐湿,抗逆性强,抗病能力强。高产栽培每 667 平方米产量 8000~10000 千克。

【栽培要点】 广州地区春季 1~3 月播种,秋季 7~8 月播种,每 667 平方米定植 400~500 株。需肥量大,应施足基肥。瓜蔓上架后,应保证水分供应充足。坐果前,摘除所有侧蔓。选留第二十三至第二十八节上发育正常的幼瓜。

【种植地区】 全国各地均可种植。广东、广西、云南三省(自治区)南部及海南省可以冬季种植。

【供种单位】 广东省农科院蔬菜研究所。地址:广州市五山路。邮编:510640。电话:020—38469591。

14. 巨人2号黑皮冬瓜

【品种来源】 广东省农科院蔬菜研究所育成。

【特征特性】 中晚熟,生长势强,第一雌花着生于主蔓第十七至第二十节。瓜长圆柱形,长58~65厘米,横径25厘米左右,肉厚6厘米左右,瓜肉白色致密,皮墨绿色,表皮光滑,无或浅棱沟,品质好。单瓜重13~20千克。耐贮运。每667平方米产量8000千克。

【栽培要点】 同广东黑皮冬瓜。

【种植地区】 适宜春秋季种植。广东、广西、云南三省(自治区)南部及海南省可以冬季种植。

【供种单位】 同广东黑皮冬瓜。

15. 四季粉皮冬瓜

【品种来源】 海南省农科院蔬菜研究所育成。

【特征特性】 植株生长势强。叶色深绿,瓜圆筒形,长40~50厘米,横径30~35厘米,单瓜重15~20千克。耐渍,耐热,耐日灼。每667平方米产量5000千克左右。

【栽培要点】 在海南四季均可播种。地爬栽培,每667平方米种植300株左右。进行人工辅助授粉,勤调果。施足基肥。瓜重1.5千克左右时,大量施肥。注意防治病虫害。

【种植地区】 适宜海南省种植。

【供种单位】 海南省农科院蔬菜研究所。地址:海口市流芳路9号(原五公祠后路9号)。邮编:571100。电话:0898—65366670。

16. 特选黑皮冬瓜

【品种来源】 海南省农科院蔬菜研究所育成。

【特征特性】 植株生长势较强,最适坐瓜节位25节左右。瓜墨绿色,形状为长筒形,长50~60厘米,横径25~30厘米,果肉厚6~7厘米,单瓜重13~15千克。该品种抗病性较强,较耐贮运,每667平方米产量可超过5000千克。

【栽培要点】 海南省南部9月中旬至翌年1月上旬播种,其余地区9月中旬至10月上旬和12月上旬至翌年1月上旬播种。采用育苗移栽,行株距约150厘米×70厘米,重施基肥,合理追肥和排灌,及时防治病虫害。

【种植地区】 适宜海南省种植。

【供种单位】 同四季粉皮冬瓜。

17. 早青冬瓜

【品种来源】 湖南省衡阳市蔬菜研究所育成。

【特征特性】 早熟。果实炮弹形,长60厘米左右,横径18厘米左右,单瓜重10千克。皮色青绿色,具茸毛,有光泽。肉厚致密,心室小。耐贮运,抗病性强。每667平方米产量8000千克。

【栽培要点】 湖南省于3月播种,4月定植。施足基肥,及时追肥。

【种植地区】 适宜湖南省种植。

【供种单位】 衡阳市蔬菜研究所。地址:湖南省衡阳市蒸水桥北头500米。邮编:421001。电话:0734—8587218。

18. 福瑞冬瓜

【品种来源】 福建农友种苗有限公司育成。

【特征特性】 中晚熟,生育期约100天。植株生长旺盛,抗病、抗逆性强,容易栽培。结果力强,皮色青黑色,瓜长约55厘米,横径约20厘米,单瓜重约10千克。耐贮运。

【栽培要点】 根据当地气候条件及栽培目的确定播种期。施足底肥,每株留瓜 1 ~ 2 个,瓜开始膨大时及时追肥。

【种植地区】 适宜福建省种植。

【供种单位】 农友种苗(中国)有限公司。地址:福建省厦门市枋湖东路 705 号。邮编:361009。电话:0592—5786386。

19. 吉乐冬瓜

【品种来源】 福建农友种苗有限公司育成。

【特征特性】 生长势强。耐湿,耐寒,耐热。耐病毒病、白粉病和炭疽病力强。茎蔓较短小,叶片也较小,缺裂较深,适于密植。早熟,结果力强,长日照期仍能正常结果。果实长椭球形,适收时长 20 ~ 24 厘米,横径约 14 厘米,单瓜重 1.8 ~ 2.5 千克。果皮淡绿色,充分成熟时稍有果粉,抗日烧病,易煮烂,耐贮运。

【栽培要点】 根据当地气候条件及栽培目的确定播种期。爬地栽培行距 2.5 米左右。施足底肥,瓜开始膨大时及时追肥。

【种植地区】 适宜福建省等地种植。

【供种单位】 同福瑞冬瓜。

20. 农友细长 2 号冬瓜

【品种来源】 福建农友种苗有限公司育成。

【特征特性】 植株生长强健,叶五角形,果细长筒形。果实成熟时果面有果粉,所以比较耐日烧病。早熟,在长日照期间仍可结果,果形细长,通常长 60 厘米左右,横径 15 ~ 20 厘米,单瓜重 10 ~ 14 千克。果皮深绿色,肉厚,腔小至中,肉质细嫩易煮软。耐贮运。本品种单蔓整枝时 1 株可结 1 ~ 2 果,尤其秋作结果较多,一株可结 2 果。

【栽培要点】 根据当地气候条件及栽培目的确定播种期。施足底肥,每株留瓜 1 ~ 2 个,瓜开始膨大时及时追肥。

【种植地区】 适宜福建省等地春秋季种植。

【供种单位】 同福瑞冬瓜。

21. 泰平冬瓜

【品种来源】 福建农友种苗有限公司育成。

【特征特性】 早熟，生长势强。叶片缺刻较深，易结果，结果力强。果实长筒状，长约30厘米，横径约10厘米，单瓜重约2千克。皮色淡绿带黄色，成熟时有果粉，肉白色，子腔无空隙。抗小西葫芦黄化花叶病毒病，且耐黄瓜花叶病毒病。果实相当抗日烧病，耐湿性也相当强，耐贮运。

【栽培要点】 同吉乐冬瓜。

种植地区、供种单位同福瑞冬瓜。

22. 细长大冬瓜

【品种来源】 福建农友种苗有限公司育成。

【特征特性】 植株生长旺盛，长日照期间少结瓜，瓜长约70厘米，横径约22厘米，单瓜重12~16千克。瓜皮青绿色，无蜡粉，肉质细嫩，且耐贮运。

【栽培要点】 根据当地气候条件及栽培目的确定播种期。施足底肥，瓜开始膨大时及时追肥。

【种植地区】 适宜福建等地秋冬季栽培。夏季种植结果少，但较大。

【供种单位】 同福瑞冬瓜。

23. 绿春小冬瓜

【品种来源】 天津市蔬菜研究所育成的早熟冬瓜一代杂种。

【特征特性】 主蔓结瓜类型。瓜圆柱形，瓜长27厘米，横径12厘米。果皮青绿色，具茸毛和光泽，有绿白色斑点。抗病性强，品质好，一般商品瓜单瓜重1.5~2.5千克。每667平方米产量

5 000千克左右。

【栽培要点】 苗龄期40天左右,于日光温室内定植越冬茬或冬春茬吊架栽培,每667平方米定植3 000棵,行株距60厘米×37厘米,单蔓整枝。

【种植地区】 适宜华北等地区保护地栽培、春露地栽培及秋季栽培。

【供种单位】 天津市蔬菜研究所。地址:天津市南开区白堤南路荣迁东里22号楼。邮编:300192。电话:022—23369519。

24. 一串铃4号冬瓜

【品种来源】 中国农科院蔬菜花卉研究所育成。

【特征特性】 早熟小型冬瓜。高桩形,成熟时瓜面被有白粉,单瓜重1.5~2.5千克,适于3~4口家庭食用。第一雌花一般出现在第六至第九节,每隔2~4片叶出现一朵雌花。保护地早熟栽培时,亦可采收250克左右的嫩瓜上市。生长期90~120天。春季露地每667平方米产量一般为2 000~3 000千克,保护地栽培可达4 000~5 000千克。

【栽培要点】 华北地区春露地栽培于3月中下旬播种育苗,4月中下旬定植。

【种植地区】 适于华北等地各类保护地及露地早熟栽培。

【供种单位】 中国农科院蔬菜花卉研究所。地址:北京市海淀区中关村南大街12号。邮编:100081。电话:010—68919544。

25. 黑将军冬瓜

【品种来源】 重庆市种子公司从地方品种中提纯而成。

【特征特性】 早中熟,生长势强。第一雌花着生于主蔓第十六节。瓜长圆柱形,长50~80厘米,肉厚8厘米左右,心室小,单瓜重10~20千克。瓜皮墨绿色,肉厚、致密,味甜,品质好。耐贮

运。每667平方米产量4 000～5 000千克。

【栽培要点】 搭人字架栽培,可适当密植。重庆地区春秋季均可播种。

【种植地区】 全国各地均可栽培。

【供种单位】 重庆市种子公司蔬菜分公司。地址:重庆市南坪路二巷12号。邮编:400060。电话:023—62802047。

二、节瓜优良品种

1. 节瓜3号

【品种来源】 北京市海淀区农科所育成。

【特征特性】 早熟,生长势中等。坐瓜性好,耐热。第一雌花着生于主蔓第六至第十节。果实棒槌形,有毛,深绿色,肉厚,单瓜重1～2千克。开花后18天左右即可采收。

【栽培要点】 株距35厘米,行距80厘米,立架栽培。保护地内栽培要进行人工授粉,打去侧蔓。

【种植地区】 适宜北京等地春夏季栽培。

【供种单位】 北京市海淀区农科所。地址:北京市海淀区海淀镇草桥7号。邮编:100080。电话:010—62578838。

2. 节瓜1号

【品种来源】 北京市海淀区农科所育成。

【特征特性】 早熟,生长势中等。坐瓜性好,耐热。第一雌花着生于主蔓第六至第十节。果实短圆柱形,肉厚,单瓜重约1千克。开花后18天左右即可采收。

【栽培要点】 株距35厘米,行距80厘米,立架栽培,保护地内栽培需进行人工授粉。及时摘除侧枝。

种植地区、供种单位同节瓜3号。

3. 广良穗星节瓜

【品种来源】 广东省良种引进服务公司育成。

【特征特性】 中早熟。从播种至始收春播约63天,秋播约40天,可延续采收30~40天。植株生长旺盛,单瓜重约300克,瓜长约15厘米,横径5~6厘米,瓜圆柱形,皮色深绿,有绿白色斑点,肉白色,肉质致密,品质超群。耐贮运。抗病性较强。每667平方米产量约4000千克。

【栽培要点】 春播适播期1~3月,秋播7~8月。

【种植地区】 适宜华南等地春秋季种植。

【供种单位】 广东省良种引进服务公司。地址:珠海市拱北粤海东路发展大厦7楼。邮编:519020。电话:0756—8884073。

4. 粤科6号节瓜

【品种来源】 广东省农科集团(院)良种苗木中心育成。

【特征特性】 早熟,植株生长势强。第一雌花着生于第六至第八节。瓜长15厘米左右,横径6~7厘米,肉厚2.5厘米左右。皮色深绿色,有光泽,有星点,肉质嫩,品质好。单瓜重350克左右。适应性广,耐热,耐湿,抗枯萎病和疫病。每667平方米产量4000千克左右。

【栽培要点】 华南及西南地区春季种植12月至翌年3月播种,夏秋季种植4~9月播种。适当控制氮肥,以免引起徒长及抗性减弱。及时摘除侧蔓。注意防治疫病、炭疽病和蓟马、烟粉虱。

【种植地区】 适宜华南、西南等地区种植。

【供种单位】 广东省农科集团(院)良种苗木中心。地址:广州市天河区五山路。邮编:510640。电话:020—87596558。

5. 37号节瓜

【品种来源】 广东省农科院蔬菜研究所育成。

【特征特性】 早熟,长势旺盛,茎秆粗壮。广东省春天种植从播种至初收约58天;秋天种植从播种至初收46天,延续采收30～50天。瓜圆柱形,长约17厘米,瓜形好,肉质致密,品质优良。主蔓雌花多,结瓜率高。耐寒性、抗逆性强,高抗枯萎病。一般每667平方米产量3 500～4 000千克。

【栽培要点】 春季种植播种期为12月至翌年3月,夏秋季种植播种期为4～8月。一般采用浸种催芽后直播。畦宽(连沟)1.8～2米,双行植,春季种植株距25～30厘米,采用穴播则每穴播6～8粒,穴距50～55厘米。夏秋种植的节瓜生长势较弱,早衰,宜适当密植,一般株距为20～25厘米。

【种植地区】 适宜广东省等地春秋种植。

【供种单位】 广东省农科院蔬菜研究所。地址:广州市天河区五山路省农科院内。邮编:510640。电话:020—38469591。

6. 长身黄毛节瓜

【品种来源】 广东省农科院蔬菜研究所育成。

【特征特性】 植株生长势强,抗逆性强。瓜长圆柱形,商品瓜长25～28厘米,横径6厘米,单瓜重400～500克。肉质致密,瓜色浅绿,茸毛密,星点多,瓜形匀称美观。每667平方米产量3 500千克。

栽培要点、种植地区和供种单位同37号节瓜。

7. 丰乐节瓜

【品种来源】 广东省农科院蔬菜研究所选育。2001年通过广东省农作物品种审定委员会审定。

【特征特性】 春播从播种至初收65天,秋播45天。单瓜重350克,瓜长18~21厘米,横径5厘米,肉厚,皮色深绿有星点,品质好。每667平方米产量4000千克。

【栽培要点】 广州地区春季适播期为1~4月,秋季为7月至8月上旬。

【种植地区】 适宜广东等地种植。

【供种单位】 同37号节瓜。

8. 农乐节瓜

【品种来源】 广东省农科院蔬菜研究所选育。

【特征特性】 早熟,每隔1~2节生雌花。单瓜重350克,瓜长约19厘米,圆柱形,肉质嫩滑,品质佳。抗性强,耐寒性强。每667平方米产量4000千克左右。

【栽培要点】 广州地区春植1~4月播种,秋植7~8月播种。畦宽(连沟)1.6~2米,双行植,株距0.3~0.4米;施足基肥,引蔓前结合培土重施肥,开花结果期重施肥。

【种植地区】 适宜广东省等地春秋种植。

【供种单位】 同37号节瓜。

9. 4号江心节瓜

【品种来源】 广东省农科院蔬菜研究所育成。

【特征特性】 早熟,从播种至初收春播约65天,秋播约42天。植株生长势中等。瓜圆筒形,瓜长15厘米,横径6厘米,单瓜重约250克。瓜色深绿色,星点少,无棱沟,品质优。耐热,抗逆性强。每667平方米产量3500千克。

【栽培要点】 广州地区适播期1~3月和7月至8月上旬,播种至初收春植约65天,秋植约42天。畦宽(连沟)1.6~2米,双行植,株距0.3~0.4米。每667平方米种植2000株左右。重施基肥,多次追肥,合理排灌,及时防治病虫害。

【种植地区】 适于华南地区栽培。

【供种单位】 同37号节瓜。

10. 5号黑毛节瓜

【品种来源】 广东省农科院蔬菜研究所选育。

【特征特性】 春播广东地区从播种至初收65天,夏秋播50天。单瓜重400克左右,瓜长23厘米,横径5厘米,肉厚,瓜色深绿有光泽、有星点。一般每667平方米产量3 500~4 000千克。

【栽培要点】 同4号江心节瓜。

【种植地区】 适宜广东等地种植。

【供种单位】 同37号节瓜。

11. 粤农节瓜

【品种来源】 广东省农科院蔬菜研究所育成。2000年通过广东省农作物品种审定委员会审定。

【特征特性】 早熟,生长势强,每隔1~2节或连续着生雌花。从播种至初收春播约65天,秋播约42天。单瓜重250~300克,瓜长约15厘米,横径6厘米左右,肉厚。皮色深绿有光泽,被茸毛,无棱沟,瓜形美观。耐热,抗逆性强,抗枯萎病。每667平方米产量约4 000千克。

【栽培要点】 广州地区适播期1~3月和7月至8月上旬。畦宽(连沟)1.6~2米,双行植,株距0.3~0.4米。施足基肥,引蔓前结合培土重施肥,开花结果期重施肥。

【种植地区】 适于华南各地栽培。

【供种单位】 同37号节瓜。

12. 广优1号节瓜

【品种来源】 广东省农科院蔬菜研究所育成。

【特征特性】 单瓜重350克,瓜长18厘米,横径5厘米,肉厚1.6厘米,皮色深绿,有星点。抗病性强,耐寒性强,品质好。从播种至初收40~55天。每667平方米产量约4000千克。

【栽培要点】 广东省适播期为1~3月、7月至8月上旬。

【种植地区】 适于华南地区栽培。

【供种单位】 同37号节瓜。

13. 绿丰节瓜

【品种来源】 广东省农科院植物保护研究所育成。2000年通过广东省农作物品种审定委员会审定。

【特征特性】 早中熟。植株生长旺盛,根系发达,茎秆粗壮,叶大深绿色。侧蔓较少,主蔓雌花多,结瓜率高,主蔓第十三节着生第一雌花。皮色青绿,果实圆筒形,长15~18厘米,横径5~7厘米,肉厚1.4厘米左右,味较甜。单瓜重400克。抗逆性强,高抗枯萎病。每667平方米产量3000千克左右。

【栽培要点】 广东地区春种适播期为12月中下旬至翌年2月,夏秋季种植适播期为6~9月。催芽直播或育苗移栽均可,采用支架栽培,每畦双行,株距25~30厘米。每667平方米栽苗2500株。春种用薄膜覆盖防寒,气温回升后揭膜插竹竿引蔓。开花结果期多施复合肥,雨季前开始施药防治疫病。夏秋季种植要注意防治炭疽病和蓟马,苗期用银灰色遮阳网覆盖对预防蓟马和病毒病有良好效果。

【种植地区】 适宜广东等地露地栽培。

【供种单位】 广东省农科院植物保护研究所。地址:广州市天河区。邮编:510640。电话:020—87597476。

14. 农大丰旺2号节瓜

【品种来源】 广州市志荣种苗有限公司育成。

【特征特性】 早熟,生长势强。第一雌花着生于主蔓第八至第十二节。瓜长13~15厘米,横径5~6厘米,单瓜重约300克。瓜皮深绿色,有光泽,品质好。抗枯萎病,耐炭疽病。耐贮运。每667平方米产量3 500千克左右。

【栽培要点】 广东省春季于12月至翌年3月播种。施足底肥,及时追肥,注意控制氮肥的施用量。

【种植地区】 适宜广东省种植。

【供种单位】 广州市志荣种苗有限公司。地址:广州市天河区五山路省农科院种子市场A8号。邮编:510640。电话:020—87512199。

15. 农大丰旺节瓜

【品种来源】 广州市志荣种苗有限公司育成。

【特征特性】 瓜长约15厘米,横径约5厘米,单瓜重200~300克。瓜色深绿,少星点,无棱沟,品质好。春播广州地区从播种至始收约60天,夏秋播约42天。每667平方米产量4 000千克左右。

【栽培要点】 同农大丰旺2号节瓜。

【种植地区】 适宜广东省等地露地种植。

【供种单位】 同农大丰旺2号节瓜。

16. 世纪星1号节瓜

【品种来源】 广州市志荣种苗有限公司育成。

【特征特性】 植株生长势强,以主蔓结瓜为主,第一雌花着生于第八至第十节。果实圆柱形,长约17厘米,横径5~6厘米,肉厚约 1.1 厘米,单瓜重 350 克左右。果皮绿色,肉质致密,品质好。抗枯萎病。每 667 平方米产量约 4 000 千克。

【栽培要点】 同农大丰旺 2 号节瓜。

【种植地区】 适宜广东省等地种植。

【供种单位】 同农大丰旺 2 号节瓜。

17. 山农 2 号节瓜

【品种来源】 由山东农业大学育成。

【特征特性】 早熟种。植株蔓生,生长势强。主蔓第五至第八节着生第一雌花。瓜圆筒形,绿色,有绿色斑点,品质优,瓜形佳,节成性好,坐瓜率高。单瓜重 3~4 千克,一般每 667 平方米产量 4 000 千克左右。春季栽培,定植后 60 天左右可采收。

【栽培要点】 根据当地气候条件及栽培目的确定播种期。施足底肥,结瓜期注意追肥,及时采收。

【种植地区】 适宜山东省等地种植。

【供种单位】 山东省种子总公司。地址:济南市花园路 123 号。邮编:250100。电话:0531—8916241。

18. 山农 1 号节瓜

【品种来源】 由山东农业大学育成。

【特征特性】 植株蔓生,生长势中等,主蔓在第五至第八节着生第一雌花;嫩瓜短圆筒形,少斑点,被茸毛,绿色,长 15~20 厘米;老熟瓜灰绿色,具蜡粉,长 30~40 厘米,单瓜重 2~3 千克。较耐寒,抗霜霉病,耐疫病,品质优。一般每 667 平方米产量 3 000~3 500千克。春季栽培,定植后 50~60 天可采收嫩瓜。

栽培要点、种植地区、供种单位同山农 2 号节瓜。

第六章　苦瓜优良品种

1. 绿绣1号苦瓜

【品种来源】 北京市海淀区农科所育成。

【特征特性】 植株生长势强,主侧蔓结瓜。瓜条外观漂亮,瓜长圆锥形,皮鲜绿色,有光泽,棱瘤平滑,耐贮运。瓜长25厘米左右,横径6厘米左右,肉厚1~1.2厘米,品质好,口感嫩脆,苦味清香。抗热,抗病性强。

【栽培要点】 要求施足底肥,及时追肥、浇水。行株距66厘米×50厘米左右,每667平方米定植1200~1 500株,需搭架栽培。

【种植地区】 我国南北方均可种植。

【供种单位】 北京市海淀区农科所。地址:北京市海淀区海淀镇草桥7号。邮编:100080。电话:010—62633822。

2. 德苦1号苦瓜

【品种来源】 湖南省常德市蔬菜科学研究所育成。

【特征特性】 早熟。从定植至始收40~50天。第一雌花着生于主蔓第三至第五节。瓜形为粗大长棒形,乳白色,有光泽,瘤状明显。味微苦而清爽,品质好,含水量低,耐运输。抗逆性强,耐寒,耐热,抗病。瓜皮深绿色,瓜肉厚,深黄色,粉甜,口感好。单瓜重约1千克。每667平方米产量4 000~5 000千克。

【栽培要点】 湖南省春季3月初播种,注意防止低温。畦宽1.4~1.5米,每667平方米定植800~1 500株。选留1~2条强壮侧枝成蔓,摘除其余侧枝;其侧枝蔓长至架顶时摘心,再选留基部萌发的侧枝成蔓,替换原来的老蔓。老蔓上的瓜采收后,从分枝基部剪除下架。施足底肥,及时追肥。每667平方米用种量400~500克。

【种植地区】 适宜湖南省等地种植。

【供种单位】 湖南省常德市蔬菜科学研究所。地址:常德市青年东路新安路口。邮编:415000。电话:0736—7770997。

3. 德苦3号苦瓜

【品种来源】 湖南省常德市蔬菜科学研究所育成。

【特征特性】 早熟,生长势强,主侧蔓结瓜。从播种至始收50天左右。瓜长30~35厘米,横径8~9厘米。皮色浅绿有光泽,单瓜重2~3千克。每667平方米产量5000~6000千克。

【栽培要点】 留瓜以子蔓为主,瓜前2片叶摘心。孙蔓留1片叶,其余摘除。其他管理同德苦1号苦瓜。

种植地区、供种单位同德苦1号苦瓜。

4. 东成苦瓜

【品种来源】 广东省良种引进服务公司育成。

【特征特性】 果形匀称美观,果色油绿,肋条粗直,平肩,瓜长25厘米左右,单瓜重400克左右。肉厚,肉质爽脆,苦味适中。早熟,春播从定植至始收60~70天,夏秋播从播种至始收45~50天。

【栽培要点】 广州地区适播期为2~8月。要施足基肥,收获期及时追肥。

【种植地区】 适宜广东省等地露地种植。

【供种单位】 广东省良种引进服务公司。地址:珠海市拱北粤海东路发展大厦7楼。邮编:519020。电话:0756—8884073。

5. 汉成苦瓜

【品种来源】 广东省良种引进服务公司育成。

【特征特性】 早熟丰产，瓜色油绿，肋条粗直，瓜型长身，匀称美观，瓜长25~28厘米，单瓜重400~500克。肉厚，肉质爽脆，苦味适中。春播从定植至始收60~70天，夏秋植从播种至始收45~50天。

栽培要点、种植地区、供种单位同东成苦瓜。

6. 精选槟城苦瓜

【品种来源】 从引自马来西亚的槟城苦瓜中经系选而成。

【特征特性】 中早熟。耐热、耐湿，抗病性强，优质高产。第十四至第十五节着生第一雌花。植株生长强壮，主侧蔓结瓜多且时间长。瓜形粗直，皮色淡绿美观，瓜长28~33厘米，横径7厘米，肉厚1.2厘米，单瓜重600~1000克，品味独特，口感好。冬春植每667平方米产量2500~3000千克，夏秋植每667平方米产量1500~2000千克。

【栽培要点】 广州地区播种期为1~8月。其他地区播种期经过试验后再确定。播种至初收，春播70天左右，夏播50天左右。

种植地区、供种单位同东成苦瓜。

7. 绿珠苦瓜

【品种来源】 从日本引进。

【特征特性】 蔓生，生长势壮旺，抗逆性强，分枝力极强。主侧蔓均可挂果，坐果力强，挂果多。瓜短棒形，深绿色，长约30厘米，横径约7厘米。瓜面珠状突起排列细密，纵向有约10条肋条，突起呈水滴状。肉厚，肉质致密，耐贮运。质脆嫩，瓜味甘微苦，味道浓郁。单瓜重 500 ~ 600 克。每 667 平方米产量 3 000 千克左右。

【栽培要点】 广州地区春植适播期 1 ~ 3 月，秋植适播期 7 月至 8 月上旬。早熟，春植从播种至始收约 55 天，秋植约 45 天，延续采收时间长。栽培上应注意施足基肥，搭平架棚栽培。宜稀植，每 667 平方米种植 200 ~ 250 株，多利用侧蔓挂果。

种植地区、供种单位同东成苦瓜。

8. 翠优 2 号苦瓜

【品种来源】 广东省农科集团(院)良种苗木中心育成。

【特征特性】 早熟大顶型品种。植株生长势强，以主蔓结瓜为主。瓜皮青绿色，有光泽，肩宽而粗，瓜身短，肉厚。瓜长 13 ~ 16 厘米，肩宽 8 ~ 11 厘米，条圆瘤相间，瘤条粗直。抗逆性强，但耐热性稍差。抗枯萎病，耐白粉病。每 667 平方米产量 3 000 千克。

【栽培要点】 华南地区春季适宜播种期为 12 月至翌年 3 月，秋季为 7 ~ 8 月，不宜夏季种植。及时摘除侧蔓。早春栽培雌花多，雄花少，要进行人工辅助授粉。

【种植地区】 适宜华南、西南等地区春秋季栽培。

【供种单位】 广东省农科集团(院)良种苗木中心。地址：广州市五山路。邮编：510640。电话：020—87596558。

9. 翠优 3 号苦瓜

【品种来源】 广东省农科集团(院)良种苗木中心育成。

【特征特性】 早熟大顶型品种。瓜皮深绿色，有光泽。瓜长 12 ~ 15 厘米，单瓜重 500 ~ 1 000 克，条圆瘤相间，瘤条粗直，肉厚，品质好。耐贮运。耐热性较强，抗病能力强。每 667 平方米产量 3 000 千克。

【栽培要点】 华南及西南地区春季种植 12 月至翌年 3 月播种,秋季种植 7~8 月播种。若要夏季种植,宜选择高山凉爽地区。基肥要充足,施肥以有机肥为主,适当配合复合肥。开花前摘除侧蔓,开花后只摘除长势较弱的侧蔓。

种植地区、供种单位同翠优 2 号苦瓜。

10. 油绿 2 号苦瓜

【品种来源】 广东省农科集团(院)良种苗木中心育成。

【特征特性】 生长势强,分枝能力强。瓜长 28~32 厘米,横径 6~7 厘米,瘤条粗直,皮色浅绿偏淡,有光泽,肉厚致密,味苦甘,品质好,单瓜重 600~1 200 克。适应性广,耐热,耐湿,耐贫瘠。夏季种植具有比较优势。抗病性较强。

【栽培要点】 华南地区 1~8 月均可播种,以夏季种植表现最佳,早春种植宜育苗移栽,夏季种植以直播为主。一般在开花后 12~15 天开始采收。病虫害较少,但要注意雨后的预防工作。

【种植地区】 全国各地均可种植。

【供种单位】 同翠优 2 号苦瓜。

11. 油绿 1 号苦瓜

【品种来源】 广东省农科集团(院)良种苗木中心育成。

【特征特性】 早熟,生长势强,主侧蔓结瓜,连续结瓜性强,雌花多。瓜肩粗,瓜形美观,品质优,商品率高。瓜长 28~30 厘米,横径 6~7 厘米,肉厚,腔小,单瓜重 500~1 000 克,瘤条粗直,皮色浅绿,有光泽。适应性广。抗枯萎病和霜霉病,耐白粉病。水肥条件好和管理水平较高的,每 667 平方米产量可达 4 000 千克以上。

【栽培要点】 华南地区春季种植 12 月至翌年 3 月播种,夏季种植 4~6 月播种,秋季种植 7~8 月播种,以春秋季节种植为好。及时插架,注意选留侧蔓并摘除多余侧蔓。重施肥,以有机肥为主,开始开花时结合培土追施复合肥,每采收 1～2 次后追肥 1 次。

【种植地区】 全国各地均可种植。

【供种单位】 同翠优 2 号苦瓜。

12. 碧绿苦瓜

【品种来源】 广东省农科院蔬菜研究所育成。

【特征特性】 早熟,丰产,抗病性强。生长势旺盛,主侧蔓结瓜。瓜长 20～30 厘米,横径 6 厘米,单瓜重 300～400 克,皮色浅绿有光泽,瘤条粗直,肉厚,品质好,坐果力强。每 667 平方米产量 3 000～4 500 千克。

【栽培要点】 广州地区适播期为 1～3 月和 7～8 月。在施足基肥的基础上,要及时追肥。及时摘除下部侧枝。注意防治白粉病。

【种植地区】 适宜广东省等地种植。

【供种单位】 广东省农科院蔬菜研究所。地址:广州市天河区五山路省农科院内。邮编:510640。电话:020—38469591。

13. 碧绿 2 号苦瓜

【品种来源】 广东省农科院蔬菜研究所育成。2001 年通过广东省农作物品种审定委员会审定。

【特征特性】 早中熟品种,优质,丰产。耐高温,抗病、抗逆性强。生长势极旺盛,主侧蔓结瓜,瓜身粗大,匀长。瓜长 30～35 厘米,横径 7 厘米,条瘤粗直,肉厚,品质优良。皮色浅绿,有光泽。单瓜重最大可达 1 千克。每 667 平方米 4 000 千克。

【栽培要点】 广州地区适播期 3～8 月。因该品种收获期长,需施足基肥,开花结果期重追肥。

种植地区、供种单位同碧绿苦瓜。

14. 翠绿2号苦瓜

【品种来源】 广东省农科院蔬菜研究所育成。1999年通过广东省农作物品种审定委员会审定。

【特征特性】 早熟,结瓜多,生长势强。瓜大顶型,长15厘米左右,肩宽11厘米左右,肉厚约1.2厘米,单瓜重400克左右。皮色翠绿,有光泽。每667平方米产量约4000千克。

【栽培要点】 广州地区1~3月和7~8月为适播期。施足基肥,加强肥水管理。及时摘除下部侧枝。注意防治白粉病。

【种植地区】 适宜全国各地种植,尤其适宜华南地区春秋栽培。

【供种单位】 同碧绿苦瓜。

15. 丰绿苦瓜

【品种来源】 广东省农科院蔬菜研究所最新育成。

【特征特性】 中熟,植株长势壮旺,分枝力强,以侧蔓结果为主。果实硕大,近圆柱状,果色浅绿,光泽鲜亮,条瘤粗直,瓜条整齐匀称,商品性极好。瓜长30~35厘米,横径7~8厘米,商品瓜单瓜重约500克,最大单瓜重可达1千克。瓜肉丰厚致密,耐贮运,品质优。耐热性强,较抗病虫害。适应性广,丰产性好,每667平方米产量4000~4500千克。

【栽培要点】 广州地区最适播种期为2~3月和7~8月。其他地方种植按当地气候条件安排播种。株距60厘米以上,摘除主蔓1米以下侧蔓。肥水供应充足,特别是中后期要保持旺盛生长,以延长采收期,增加丰产潜力。广州地区春季种植从定植至初收58天左右,秋季种植从播种至初收45天。

【种植地区】 适宜广东省等地种植。

【供种单位】 同碧绿苦瓜。

16. 海新苦瓜

【品种来源】 广东省农科院蔬菜研究所育成。

【特征特性】 中熟品种。长势好，抗病力强。瓜形美观，皮色浅绿，有光泽，瘤条粗直，耐高温，耐湿性强。瓜长30～35厘米，单瓜重最大的可达1千克。每667平方米产量约4 000千克。

【栽培要点】 广州地区适播期为2～8月。施足基肥，收获期及时追肥。注意防治瓜螟、瓜实蝇及炭疽病、白粉病等。

【种植地区】 适宜广东省等地种植。

【供种单位】 同碧绿苦瓜。

17. 绿宝石苦瓜

【品种来源】 广东省农科院蔬菜研究所育成。1998年通过广东省农作物品种审定委员会审定。

【特征特性】 早熟，生长势强，主、侧蔓结瓜。瓜长26厘米，横径6厘米，单瓜重400克左右。皮色浅绿，有光泽，瘤条粗直，品质优良。结瓜多。耐热，抗病力强。每667平方米产量约3 500千克。

【栽培要点】 广州地区适播期为2～3月和7～8月。畦宽(连沟)1.6～2米，双行植，株距0.25～0.45米。施足基肥，开花结果期重追肥。

【种植地区】 适于南方各省种植。

【供种单位】 同碧绿苦瓜。

18. 新选黑籽大顶苦瓜

【品种来源】 广东省农科院蔬菜研究所育成。

【特征特性】 中早熟，雌性中等，生长势健旺，坐瓜力强。果大顶型，长13厘米，肩宽10～11厘米，肉厚约1.3厘米，最高的可达 1.6 厘米,单瓜重 500 ~ 600 克。果皮绿色有光泽,每 667 平方米产量约 3 500 千克。

【栽培要点】 广州地区 2 ~ 8 月均可播种。

【种植地区】 适合全国苦瓜种植区种植。

【供种单位】 同碧绿苦瓜。

19. 早绿苦瓜

【品种来源】 广东省农科院蔬菜研究所育成。

【特征特性】 早熟。植株生长势旺盛,分枝力强。单株结瓜数多,瓜长圆锥形,商品瓜长 28 厘米左右,横径约 6.5 厘米,单瓜重约 380 克,果肉厚,耐贮运。色泽油绿亮丽,瓜形端正美观,商品性好。前期产量高且集中,田间表现耐寒、耐热、抗病性较强。丰产性好,每 667 平方米产量 3 500 ~ 4 000 千克。

【栽培要点】 广州地区 2 ~ 8 月均可播种。

【种植地区】 适宜广东省等地种植。

【供种单位】 同碧绿苦瓜。

20. 大肉 2 号苦瓜

【品种来源】 广西壮族自治区农科院蔬菜研究中心育成。2002 年通过广西壮族自治区农作物品种审定委员会审定。

【特征特性】 生长势强,植株蔓生,分枝性强,主侧蔓均可结瓜。叶掌状,深绿色,主蔓第十五至第十七节着生第一雌花。商品瓜长圆筒形,大直瘤,外观光滑油亮,皮色浅绿,长 35 ~ 37 厘米,横径 7 ~ 9 厘米,瓜肉厚 1.1 ~ 1.3 厘米,单瓜重 500 ~ 750 克,最大的可达 1 000 克以上。肉质甘脆,味微苦,品质好。较耐白粉病。一般每 667 平方米产量 2 900 ~ 3 400 千克。

【栽培要点】 华南地区早春早熟栽培,一般于 1 月上中旬至 2 月上中旬在保护地用营养钵育苗,2 月上旬至 3 月上旬采用地膜加小拱棚双覆盖栽培;春季露地栽培一般于2月上旬至3月上旬在保护地育苗,3月至4月上中旬定植。夏秋栽培一般在7月下旬至8月上旬育苗,8月中旬至9月上旬定植。搭人字架栽培,畦宽1.5米,双行定植,株距40厘米,行距70厘米,每667平方米栽2000株左右。以水平架为搭架方式,畦宽2.2~2.5米,株距80厘米,行距180厘米,每667平方米栽600~800株。

【种植地区】 适于华南地区早春保护地或露地早熟栽培,也可做秋季抗热栽培。目前已推广到黑龙江、海南、福建、云南、新疆等省、自治区。

【供种单位】 广西壮族自治区农科院蔬菜研究中心。地址:广西南宁市西乡塘大道44号。邮编:530007。电话:0771—3243514。

21. 大肉3号苦瓜

【品种来源】 广西壮族自治区农科院蔬菜研究中心育成的一代杂种。2002年通过广西壮族自治区农作物品种审定委员会审定。

【特征特性】 生长势强,植株蔓生,分枝性强,主侧蔓均可结瓜。叶掌状,深绿色,主蔓第一雌花着生于第十三至第十五节,中部侧蔓第三至第四节开始着生雌花,以后主侧蔓隔7~10节又现一雌花或连续二节出现雌花。商品瓜粗圆筒形,瓜长27厘米,横径9厘米,瓜肉厚1.4厘米,单瓜重650克左右。瓜皮绿色,大直瘤,肉质致密,味甘脆微苦,品质好。较耐冷凉,较耐白粉病。一般每667平方米产量2500~3500千克。

【栽培要点】 华南地区春季露地栽培一般于2月上旬至3月上旬在保护地育苗,3月上旬至4月上旬定植;夏季栽培一般在5月初育苗;秋季栽培一般在7月下旬至8月下旬育苗,8月上旬至9月上旬定植。搭人字架栽培,畦宽1.5米(连沟),双行定植,株距40～70厘米，每667平方米栽2 000株左右。水平架栽培畦宽2.2～2.5米(连沟)，株距80厘米，每667平方米栽600～800株。及时摘除主蔓1米以下侧蔓。定植前施足底肥，果实采收期及时追肥。

【种植地区】 适宜在华南地区做春夏秋季露地栽培，也可做秋延后冷凉栽培。

【供种单位】 同大肉2号苦瓜。

22. 大肉1号苦瓜

【品种来源】 广西壮族自治区农科院蔬菜研究中心育成的一代杂种。1999年通过广西壮族自治区农作物品种审定委员会审定。

【特征特性】 生长势强，植株蔓生，分枝性强，主侧蔓均可结瓜。主蔓第一雌花着生于第七至第八节，中部侧蔓第二至第三节开始着生雌花，以后主侧蔓均每隔4～5节又出现一雌花或连续两节出现雌花。商品瓜长圆筒形，长30～35厘米，横径10～13厘米，肉厚1～1.5厘米，单瓜重500～750克。瓜皮淡绿色，大直瘤，肉质疏松，味微苦，品质好。一般每667平方米产量2 500～3 500千克。

【栽培要点】 华南地区早春保护地早熟栽培一般于1月上中旬至2月上中旬用营养钵育苗，2月上旬至3月上旬采用地膜加小拱棚双覆盖栽培；春季露地栽培一般于2月上旬至3月上旬保护地育苗，3月下旬至4月上中旬定植；夏秋栽培一般于7月下旬至8月上旬育苗，8月中旬至9月上旬定植。搭人字架栽培的，畦宽(连沟)1.5米，双行定植，株距40厘米，行距70厘米，每667平方米栽苗2 000株左右；搭水平架栽培的，畦宽(连沟)2.2～2.5米，株距80厘米，行距180厘米，每667平方米栽苗600～800株。

【种植地区】 适宜广西等地早春保护地早熟栽培及春夏露地

栽培。

【供种单位】 同大肉2号苦瓜。

23. 润绿103苦瓜

【品种来源】 广西新望种苗有限公司育成。

【特征特性】 大瓜型,条瘤粗直,淡绿色,光泽油亮。瓜长35厘米左右,横径12厘米左右,味微苦,肉厚实,口感好。单瓜重500~750克。耐贮运。早熟,生长健壮。抗逆性强。每667平方米产量2500千克以上。

【栽培要点】 华南地区春季露地栽培一般于2月上旬至3月上旬保护地育苗,3月下旬至4月上中旬定植。

【种植地区】 适宜华南地区种植。

【供种单位】 广西新望种苗有限公司。地址:广西壮族自治区南宁市西乡塘西路44西—15号。邮编:530007。电话:0771—5312808。

24. 新绿101苦瓜

【品种来源】 广西新望种苗有限公司育成。

【特征特性】 瓜型长直,条瘤粗大饱满,头尾匀称,淡绿色,光泽油亮,耐贮运。单瓜重500~800克,瓜长35~40厘米,横径8~10厘米,口味甘脆微苦,品质佳。早中熟,生长旺盛。耐热,耐病,耐涝。每667平方米产量2500千克以上。

栽培要点、种植地区、供种单位同润绿103苦瓜。

25. 节节生大肉苦瓜

【品种来源】 广西壮族自治区种子公司选育。

【特征特性】 早熟。高抗枯萎病和霜霉病。第六至第九节着生第一朵雌花,平均两节可坐1个瓜。果肉厚实,味微苦、清香,质脆,品质极佳。单瓜重 700 克以上,每 667 平方米产量 3 500 千克左右。

栽培要点、种植地区同润绿 103 苦瓜。

【供种单位】 广西壮族自治区种子公司。地址:广西南宁市七星路 135 号。邮编:530022。电话:0711—2807943。

26. 英引苦瓜

【品种来源】 广州市蔬菜科学研究所育成。

【特征特性】 中晚熟。瓜长 25 ~ 30 厘米,横径 7 ~ 8 厘米,皮浅绿色,单瓜重 400 克左右。肉厚,耐热,耐贮运。每 667 平方米产量 3 000 ~ 4 000 千克。

【栽培要点】 华南地区春季露地栽培一般于 2 月上旬至 3 月上旬在保护地育苗,3 月下旬至 4 月上中旬定植。

【种植地区】 适宜华南等地种植。

【供种单位】 广州市蔬菜科学研究所。地址:广州市新港东路 151 号。邮编:510308。电话:020—84202754。

27. 巨浪 1 号苦瓜

【品种来源】 广州市志荣种苗有限公司育成。

【特征特性】 中早熟,生长势强,抗逆性好,主侧蔓均可结瓜。果实圆锥形,顶大肉厚,瘤条粗直,皮色油绿有光泽。瓜长 15 ~ 17 厘米,单瓜重 500 ~ 800 克。每 667 平方米产量约 4 000 千克。

【栽培要点】 同英引苦瓜。

【种植地区】 适宜华南地区种植。

【供种单位】 广州市志荣种苗有限公司。地址:广州市天河区五山路省农科院种子市场 A8 号。邮编:510640。电话:020—87512199。

28. 新丰9号苦瓜

【品种来源】 广州市志荣种苗有限公司育成。

【特征特性】 早熟,生长势强。瓜型硕大,长30~33厘米,横径8~10厘米,单瓜重500~800克。皮色翠绿有光泽,瘤条粗直,肉厚,质脆,味甘苦,商品性好。每667平方米产量约5000千克。

【栽培要点】 同英引苦瓜。

【种植地区】 适宜华南地区种植。

【供种单位】 同巨浪1号苦瓜。

29. 新丰6号苦瓜

【品种来源】 广州市志荣种苗有限公司育成。

【特征特性】 早熟,主侧蔓均可结瓜。果实粗棒形,长30~35厘米,横径8~9厘米,皮色油绿有光泽,瘤条粗直,肉厚,单瓜重500~750克。耐贮运,抗病性强。每667平方米产量约4000千克。

【栽培要点】 同英引苦瓜。

【种植地区】 适宜华南等地种植。

【供种单位】 同巨浪1号苦瓜。

30. 琼1号苦瓜

【品种来源】 海南省农科院蔬菜研究所育成。

【特征特性】 中熟。瓜长约28厘米,肩宽8厘米,淡绿色,纹瘤粗直。单瓜重约750克。抗性强,品质优。一般每667平方米产量3000千克。

【栽培要点】 冬春播期10月至翌年2月,夏秋播期4~8月;冬春播宜育苗,苗期20天;夏秋催芽直播。行距140厘米,株距60厘米,重施基肥, 适施追肥,及时搭架,注意防治病虫害。

【种植地区】 适宜海南省等地种植。

【供种单位】 海南省农科院蔬菜研究所。地址:海口市流芳路9号(原五公祠后路9号)。邮编:571100。电话:0898—65366670。

31. 衡杂2号苦瓜

【品种来源】 湖南省衡阳市蔬菜研究所育成。

【特征特性】 中熟,蔓生。第一雌花着生于主蔓第十二至第十五节。瓜长圆锥形,表皮绿色,有光泽,瓜瘤丰满而直。瓜长25~35厘米,横径6~7厘米,单瓜重300~600克。肉质脆嫩,味微苦。每667平方米产量3000千克左右。

【栽培要点】 湖南省春露地栽培一般于3月中下旬播种。

【种植地区】 适宜湖南省等地种植。

【供种单位】 湖南省衡阳市蔬菜研究所。地址:衡阳市燕水桥北500米。邮编:421001。电话:0734—8587932。

32. 衡杂1号苦瓜

【品种来源】 湖南省衡阳市蔬菜研究所育成。

【特征特性】 早熟,蔓生。第一雌花着生于主蔓第十至第十二节,主侧蔓雌花多,坐瓜能力强。瓜长圆筒形,粗肉瘤,表皮乳白色,瓜长40~50厘米,横径5~6厘米,单瓜重0.7~1.2千克。肉质脆嫩,苦味适中,商品性好。耐贮运。每667平方米产量4000千克左右。

栽培要点、种植地区、供种单位同衡杂2号苦瓜。

33. 碧玉青苦瓜

【品种来源】 湖北省咸宁市蔬菜科技中心育成的早熟一代杂种。

【特征特性】 植株蔓生,生长势旺,分枝能力适中。蔓长2.5米左右,第一雌花着生于主蔓第十四节。瓜皮油绿色,瘤状饱满,肉厚1厘米左右,瓜长30厘米左右,横径6厘米左右,单瓜重600克左右。早熟,春播约55天采收,秋播48天采收。坐果率高。耐高温,耐湿。抗白粉病,较抗霜霉病。耐贮运。每667平方米产量4 000千克左右。

【栽培要点】 春播2~3月育苗,秋播7~8月育苗或直播。播前将种子晒1天,然后浸种12小时后催芽播于营养钵中。宜小苗定植,采用深沟高畦栽培,每667平方米栽苗1 000株,北方地区栽苗1 500株以上。每采收2~3次,结合浇水,每667平方米追施复合肥10~20千克。

【种植地区】 适宜长江流域露地和北方温室栽培,现已推广到广东、广西、海南等省、自治区。

【供种单位】 湖北省咸宁市蔬菜科技中心。地址:湖北省咸宁市咸安区西河桥18号。邮编:437000。电话:0715—8325210。

34. 春早1号白苦瓜

【品种来源】 湖北省咸宁市蔬菜科技中心育成的一代杂种。

【特征特性】 植株蔓生,分枝性强,主蔓第八节开始着生第一雌花。果实表面有瘤状突起,瓜长40厘米左右,横径7厘米左右,单瓜重800克左右。瓜大,皮雪白,有光泽,味微苦带甜。耐热,抗霜霉病和病毒病,耐肥。从播种至始收约60天。每667平方米产量6 000千克左右。

【栽培要点】 长江流域春保护地栽培于2月播种,露地栽培于3月播种,秋播于7月播种。苗床温度低于18℃不宜催芽,应直播于苗床,出真叶后定植。每667平方米栽苗1 000株。采用深沟高畦、平棚或人字架栽培。采用7叶以上的双蔓上架,及时摘除多余的侧蔓、卷须和雄花。

【种植地区】 适应性广，已在四川、江西、福建、湖北、浙江等省推广种植。

【供种单位】 同碧玉青苦瓜。

35. 早春1号白苦瓜

【品种来源】 湖北省咸宁市蔬菜科技中心育成的一代杂种。

【特征特性】 蔓生，分枝性强。第一雌花着生于主蔓第八节，果实表面有瘤状突起，皮色雪白，有光泽，果长40厘米左右，横径7厘米左右，单瓜重约800克。早熟，从播种至始收约60天。瓜味微苦带甜。耐热，抗霜霉病和病毒病，耐肥。每667平方米产量6000千克左右。

【栽培要点】 长江流域春保护地栽培于2月播种，露地栽培于3月播种，秋播于7月播种。采用深沟高畦、平棚或人字架栽培，每667平方米栽苗1000株。采用7叶以上的双蔓上架，及时剪去多余的侧蔓、卷须和过多的雄花。

【种植地区】 适宜湖北等地栽培，现已推广到四川、江西、福建、浙江等省。

【供种单位】 同碧玉青苦瓜。

36. 碧翠苦瓜

【品种来源】 湖南省瓜类研究所育成的杂交一代苦瓜种。2000年通过湖南省邵阳市农作物品种审定委员会审定。

【特征特性】 早熟，植株生长势强。第一雌花节位着生于第七至第十节。瓜绿色，长圆筒形，单瓜重450克左右，肉厚约1.2厘米，瓜长28厘米左右，横径约6.2厘米。肉质脆嫩，微苦，风味佳。耐低温，耐热，对枯萎病、病毒病的抗性较强。采收期长。平均每667平方米产量约3000千克。

【栽培要点】 湖南及相邻地区春露地栽培以3月中下旬播种

为宜,保护地栽培应适当提前播种,栽培密度每667平方米1200株,行株距150厘米×40厘米。施足底肥,采收期及时追肥。倒蔓后及时搭架,摘除主蔓1.5米以下所有侧枝。其余侧枝留2~3个雌花摘顶。生长盛期注意防治霜霉病和疫病。

【种植地区】 适应性强,适宜各种保护地栽培,全国大部分地区均可栽培。

【供种单位】 湖南省瓜类研究所。地址:湖南省邵阳市双坡岭五井塘。邮编:422001。电话:0739—5233911。

37. 雪玉苦瓜

【品种来源】 湖南省瓜类研究所育成的杂交一代苦瓜种。2000年通过湖南省邵阳市农作物品种审定委员会审定。

【特征特性】 早中熟,生长势强。第一雌花节位为第十节,果实长圆筒形,乳白色,单瓜重500克左右,肉厚1.2厘米,瓜长29厘米左右,横径约7.2厘米,肉质脆嫩,风味好,商品率高。耐热抗热,采收期长。平均每667平方米产量约4000千克。

【栽培要点】 湖南及相邻地区露地栽培以3月中下旬为宜,保护地栽培适当提前,栽培密度每667平方米1200株,行株距150厘米×40厘米。施足底肥,采收期及时追肥。

【种植地区】 适应性强,适宜各种保护地栽培,全国大部分地区均可栽培。

【供种单位】 同碧翠苦瓜。

38. 湘丰白玉苦瓜

【品种来源】 湖南省隆平高科湘园瓜果种苗分公司育成。

【特征特性】 早熟,植株长势强,主侧蔓均可结瓜。主蔓雌花多,可连续结瓜。第一雌花着生于第六至第八节,瓜圆筒形,白色。正常采收时瓜长30~35厘米,横径7~8厘米,单瓜重400~450

克,肉质脆嫩,苦味适中。该品种耐低温,挂果能力强。中后期高温时,肥水供应充足也能正常挂果。全生育期约180天。

【栽培要点】 保护地早熟栽培,每667平方米定植2 000～2 200株;春季露地栽培,每667平方米定植1 400～1 600株;秋季种植,6～7月直播,每667平方米定植2 200～2 400株。施足基肥,及时追肥。绑蔓时结合整枝,以主蔓结果为主,棚架以下只选留1～2枝健壮侧枝。

【种植地区】 适宜湖南等地种植。

【供种单位】 隆平高科湘园瓜果种苗分公司。地址:湖南省长沙市芙蓉区马坡岭湖南省农科院院内。邮编:410125。电话:0731—4692464。

39. 湘丰帅蓝苦瓜

【品种来源】 隆平高科湘园瓜果种苗分公司育成。

【特征特性】 早熟,植株生长势强。第一雌花着生于主蔓第五至第七节。果实浅绿白色,粗圆筒形,瓜形美观。正常采收时,瓜长30厘米左右,横径8～10厘米,单瓜重400～500克,肉质脆嫩,苦味适中。该品种耐低温,前期挂果能力强,中后期高温时肥水供应充足也能正常挂果。全生育期约180天。

【栽培要点】 保护地早熟栽培,长江流域每667平方米定植2 000～2 200株;四川南部、贵州南部、四川盆地等每667平方米定植2 800～3 000株。春季露地栽培,长江流域每667平方米定植1 400～1 600株。秋季种植,6～7月直播,长江流域每667平方米定植2 200～2 400株;四川南部、贵州南部、四川盆地等每667平方米定植3 000～3 200株。施足基肥,及时追肥。绑蔓时结合整枝,以主蔓结果为主。根瓜摘花或尽早采收。

【种植地区】 适宜长江流域及西南地区等地种植。

【供种单位】 同湘丰白玉苦瓜。

40. 湘丰11号苦瓜

【品种来源】 隆平高科湘园瓜果种苗分公司育成的一代杂种。

【特征特性】 早熟,植株长势强,主侧蔓均可结瓜。主蔓雌花多,可连续结瓜,第一雌花着生于第六至第八节,瓜圆筒形,白色。正常采收时瓜长30~35厘米,横径7~8厘米,单瓜重400~450克,肉质脆嫩,苦味适中。耐低温,挂果能力强。中后期高温时,肥水供应充足也能正常挂果。全生育期约180天。

【栽培要点】 保护地早熟栽培,每667平方米定植2 000~2 200株。春季露地栽培,每667平方米定植1 400~1 600株。秋季种植,6~7月直播,每667平方米定植2 200~2 400株。施足基肥,及时追肥。绑蔓时结合整枝,以主蔓结果为主,棚架以下只选留1~2枝健壮侧枝。根瓜摘花或尽早采收。结果盛期摘除下部衰老黄叶。

【种植地区】 适宜长江流域早春保护地及华北地区冬春日光温室栽培,也可在露地栽培。

【供种单位】 同湘丰白玉苦瓜。

41. 特选株洲长白苦瓜

【品种来源】 从湖南省株洲市地方品种中系选而成。

【特征特性】 中早熟,主侧蔓均可结瓜。主蔓第一雌花着生于第十二至第十四节。瓜长条形,浅绿白色,长50~60厘米,横径约5厘米。单瓜重500~1 000克。耐热、喜肥,中抗枯萎病,抗高温多雨天气。全生育期180天。

【栽培要点】 每667平方米用种量300~500克,苗龄20~50天。施足基肥,及时追肥,全期保持土壤湿润,棚架以下选留2~3枝健壮侧枝,秋后将棚上细弱枝全部摘除。参考株行距0.6米×

1.6~1.8米。

【种植地区】 适宜湖南省等地种植。

【供种单位】 同湘丰白玉苦瓜。

42. 湘丰5号苦瓜

【品种来源】 隆平高科湘园瓜果种苗分公司育成的一代杂种。

【特征特性】 早中熟,主侧蔓均可结瓜,主蔓第一雌花着生在第八至第十节。瓜长圆筒形,油绿色,条瘤。肉质脆嫩,有苦味。较耐热,稍耐寒,中抗白粉病,抗枯萎病,耐高温多雨天气。

【栽培要点】 每667平方米用种量400克,苗龄20天左右。重施基肥,勤追肥,全期保持土壤湿润,引蔓时结合整枝,尽早采收根瓜。参考株行距0.4~0.5米×1.2~1.5米。

【种植地区】 适宜湖南等地种植。

【供种单位】 同湘丰白玉苦瓜。

43. 湘丰3号苦瓜

【品种来源】 隆平高科湘园瓜果种苗分公司育成的一代杂种。

【特征特性】 中早熟,主侧蔓均可结瓜,挂瓜能力强。主蔓第一雌花着生在第八至第十节。瓜长条形,浅绿白色。肉质脆嫩,苦味适中。耐热,较耐寒,抗病。

【栽培要点】 每667平方米用种量350克,苗龄20~25天。施足基肥,及时追肥,全期保持土壤湿润,绑蔓时结合整枝,尽早采收根瓜。参考株行距0.5~0.6米×1.4~1.6米。

【种植地区】 适宜湖南等地春季保护地或露地早熟栽培,也可于6~7月播种做夏秋栽培。

【供种单位】 同湘丰白玉苦瓜。

44. 宝鼎1号苦瓜

【品种来源】 华南农业大学育成。

【特征特性】 中熟,后期生长势旺,不易早衰。瓜形似金鼎状,长约16厘米,肩宽约10厘米,果实底部较平,单瓜重500~600克。皮色翠绿,瘤条粗直,肉特厚,味甘苦,品质好。耐热,耐湿,耐肥。抗病性强。每667平方米产量3000千克左右。

【栽培要点】 广州地区春季1~3月播种,秋季7~8月播种,海拔300米以上山区可夏季种植,海南等地可以冬季种植。施足底肥,及时追肥,合理轮作。注意防治病虫害。

【种植地区】 适宜我国中南部各省栽培。

【供种单位】 华南农业大学种子种苗研究开发中心。地址:广州市天河区华南农业大学五山路科贸街D座103。邮编:510642。电话:020—85287478。

45. 金钟苦瓜

【品种来源】 华南农业大学育成。

【特征特性】 植株蔓生,生长势强。第一雌花着生于主蔓第六至第七节。瓜大顶型,肩宽8~10厘米,长15~18厘米,单瓜重约500克。瓜皮翠绿色,有光泽,瘤状粗直,肉厚,味甘,品质好。耐肥,耐寒。每667平方米产量3000千克左右。

【栽培要点】 广州地区春季1~3月播种,约70天收获;秋季7~8月播种,约50天收获;海南省,广东省茂名、湛江等地可以冬季种植。施足底肥,及时追肥,合理轮作。注意防治病虫害。

【种植地区】 适宜南方各省种植。

【供种单位】 同宝鼎1号苦瓜。

46. 巨丰苦瓜

【品种来源】 华南农业大学育成。

【特征特性】 早熟,生长势强。瓜型硕大,长25~30厘米,横径8~10厘米,单瓜重500~800克。皮色翠绿,有光泽,瘤条粗直,外形美观。肉厚,质脆,味甘苦,品质好。坐果率高,抗性好。每667平方米产量3000千克左右。

【栽培要点】 广州地区春季1~3月播种,秋季7~8月播种。海南省等地可以冬季种植。施足底肥,及时追肥,合理轮作。注意防治病虫害。

【种植地区】 适宜全国各地种植。

【供种单位】 同宝鼎1号苦瓜。

47. 双丰大刺苦瓜

【品种来源】 云南省玉溪地方品种。

【特征特性】 分枝能力强,主侧蔓结瓜。叶片浅绿色,瓜条长圆柱形,两端小而略尖,瓜面有大肉瘤齿状突起,肉质脆嫩,味苦凉,单瓜重0.4~0.7千克。一般每667平方米产量3000千克左右。

【栽培要点】 直播或育苗移栽均可。昆明地区露地栽培于2~3月播种,保护地栽培于12月底至翌年1月播种,每667平方米栽180~200穴,每穴定植2株。施足底肥,搭架栽培有利于提高产量及瓜条的商品性状。粗放栽培需在地面铺草以防湿防腐。注意及时采收。

【种植地区】 适宜云南省等地栽培。

【供种单位】 云南省昆明市蔬菜种子公司。地址:昆明市人民西路263号。邮编:650118。

48. 利生绿苦瓜

【品种来源】 辽宁东亚国际种苗有限公司制成。

【特征特性】 植株长势强，分枝能力强，雌花多，侧蔓结瓜多。果实纺锤形，果面条纹粗直，少瘤，皮色翠绿有光泽，瓜长 35 厘米，横径 7 厘米，肉厚 1.3 厘米，单瓜重 500 克左右，最大的可达 700 克。品质脆嫩，苦味适中，商品性好。抗逆性强，耐热，抗病，丰产性好。中早熟种，从播种到初收 90 天，每 667 平方米产量 3 000 千克左右。

【栽培要点】 苗龄 40 天左右，幼苗具 4～6 片叶时定植，行株距 2.5 米×0.7 米，每 667 平方米定植 750 株左右。

【种植地区】 适宜辽宁省等地种植。

【供种单位】 辽宁东亚国际种苗有限公司。地址：沈阳市于洪区长江北街 33 号。邮编：110034。电话：024—86117722。

49. 翠秀苦瓜

【品种来源】 农友种苗有限公司育成。

【特征特性】 早熟，结果力强。瓜长约 23 厘米，果肩部宽广、平整而渐向下尖，瓜皮较平滑，瓜色翠绿亮丽。肉厚质脆，生食或炒食均可，有甘味，风味良好。

【栽培要点】 由于该品种特别早熟，结果数又多，为防止植株早衰，应施足底肥，采收期间注意多施追肥。

【种植地区】 适宜福建省等地种植。

【供种单位】 农友种苗（中国）有限公司。地址：福建省厦门市枋湖东路 705 号。邮编：361009。电话：0592—5786386。

50. 丰绿 1 号苦瓜

【品种来源】 天津市蔬菜研究所育成的一代杂种。

【特征特性】 瓜皮绿色有光泽，多瘤少棱，凹凸明显，味微苦，肉质脆嫩，瓜长 40～45 厘米，横径 4～4.5 厘米，瓜肉厚 0.8～1 厘米，外形美观。主侧蔓均可结瓜，早熟性好。第一雌花着生于主蔓第七至第八节，侧蔓第二节着生雌花，单性结实能力强。耐低温弱光，抗病、抗盐碱能力强。每 667 平方米产量 4 000 千克左右。

【栽培要点】 天津地区春季露地栽培于 3 月中下旬至 4 月初播种。

【种植地区】 适宜华北地区早春露地栽培。

【供种单位】 天津市蔬菜研究所。地址:天津市南开区白堤南路荣迁东里 22 号楼。邮编:300192。电话:022—23369519。

51. 长白苦瓜

【品种来源】 山东省新泰密刺黄瓜原种场育成。

【特征特性】 生长势强，分枝多，主蔓长 6～7 米。叶片掌状、五角形，叶绿，瓜乳白色，长 45～50 厘米，单瓜重 0.5～1 千克，质脆，微苦，商品性好。抗病，耐热。一般每 667 平方米产量 5 000～6 000 千克。

【栽培要点】 株行距以 65 厘米×200 厘米为宜，植株 1.2 米以下剪掉侧蔓。种子因皮厚壳硬，常规催芽慢且不整齐，催芽时应将种子放在 60℃左右的水中浸泡 15 分钟，并不断搅拌，待水温降到 30℃左右时，再浸泡 12～15 小时，搓去种皮表面粘液后捞出稍凉，再与热炉灰(炉灰与开水比例 1∶7，用手捏能成团，松手即散)拌匀，50 克种子拌 250 克炉灰，装入瓦盆中，上面盖上杂草，放在有热源的地方，10 小时后将盆内种子上下调换 1 次，偏干时可用 30℃温水均匀喷洒，2～3 天即可出芽。

【种植地区】 适宜山东省等地栽培。

【供种单位】 山东省新泰密刺黄瓜原种场。地址:新泰市西张庄高孟。邮编:271209。电话:0538—7572138。

52. 华绿苦瓜

【品种来源】 山东农业大学与新泰市祥云种业有限公司联合育成。

【特征特性】 植株蔓生,中后期分枝能力强,第一雌花着生于主蔓第十五至第二十节。瓜长筒形,淡绿色,长30~35厘米,横径6厘米左右,瓜面平滑,呈肋条状突起,富有光泽,单瓜重0.5~1千克。

栽培要点、种植地区、供种单位同长白苦瓜。

53. 大白苦瓜

【品种来源】 中国农科院蔬菜花卉研究所从地方品种中选育出的优良苦瓜品种。

【特征特性】 植株生长旺盛,分枝性强,主侧蔓结瓜。瓜长棒形,白色,瓜面有不规则的棱瘤,商品瓜长50~60厘米,横径5厘米左右,肉厚1厘米左右,单瓜重350~500克。肉质脆嫩,微苦。高产,抗病,适应性强。每667平方米产量4000千克以上。

【栽培要点】 北京地区3月底至4月初播种,4月底至5月初定植,株距50~60厘米,每667平方米栽苗1300~1600株。大面积栽培,需插高架,一般以插人字架为宜。植株爬蔓初期需绑蔓2~3道,引蔓上架,除掉基部侧蔓,植株中下部留2~3条粗壮的侧蔓。定植后45~50天开始采收,结瓜期间需及时追肥浇水。每667平方米用种量250~300克。

【种植地区】 南北方均可种植。

【供种单位】 中国农科院蔬菜花卉研究所。地址:北京市海淀区中关村南大街12号。邮编:100081。电话:010—68919544。

54. 滨江1号苦瓜

【品种来源】 重庆市种子公司育成。

【特征特性】 中熟,植株生长势强,蔓生,分枝性强。第一雌花着生于主蔓第十五节左右。瓜长纺锤形,长30~35厘米,横径12~14厘米,单瓜重350克左右。皮色浅绿,有光泽,瘤条粗直,肉厚,味微苦,品质好。耐热,耐雨水,抗病能力强。

【栽培要点】 重庆地区地膜覆盖栽培于3月上中旬播种,4月上旬定植,每667平方米定植600穴,每穴栽2~3株。施足底肥,生长期注意摘除下部无效侧枝。

【种植地区】 适宜长江流域地区春夏栽培。

【供种单位】 重庆市种子公司蔬菜分公司。地址:重庆市南坪路二巷12号。邮编:400060。电话:023—62802047。

第七章 南瓜优良品种

1. 短蔓京绿栗南瓜

【品种来源】 北京市农林科学院蔬菜研究中心育成。

【特征特性】 植株前期为矮生的密植型早熟品种。节间短缩,主蔓第四至第五节即可结瓜,种植密度比长蔓南瓜可增加1/3。从播种至采收90天左右,瓜皮绿色,有浅绿色条纹。单瓜重1.2～1.5千克。瓜肉较厚,呈橘黄色,口感甘甜,细面,品质好。

【栽培要点】 华北地区春露地栽培一般于3月中下旬育苗,4月中下旬定植。

【种植地区】 适宜华北等地种植。

【供种单位】 北京京研益农种苗技术中心。地址:北京2443信箱种苗部。邮编:100089。电话:010—88433419。

2. 京红栗南瓜

【品种来源】 北京市农林科学院蔬菜研究中心育成。

【特征特性】 早熟,植株蔓生。第一雌花着生于主蔓第五至第六节,以后每隔2～4节出现1～2朵雌花。从播种至始收85天左右。瓜皮橘红色,外观漂亮,单瓜重1.2～1.5千克。瓜肉厚,呈橘黄色,口感甘甜,肉质细面,粉质度高,有板栗香味,品质好。

栽培要点、种植地区、供种单位同短蔓京绿栗南瓜。

3. 京绿栗南瓜

【品种来源】 北京市农林科学院蔬菜研究中心育成。

【特征特性】 早熟,植株蔓生,生长势强。从播种至始收90

天左右。单瓜重 1.3～1.5 千克,瓜肉厚,深红黄色,口感甘甜,细面,品质好。

【栽培要点】 同短蔓京绿栗南瓜。

【种植地区】 适宜华北地区种植。

【供种单位】 同短蔓京绿栗南瓜。

4. 京银栗南瓜

【品种来源】 北京市农林科学院蔬菜研究中心育成。

【特征特性】 早熟,植株蔓生。从播种至始收 85 天左右,每株结瓜 2～3 个,瓜皮灰绿色。单瓜重 1.2～1.4 千克。肉厚 2.8 厘米左右,深黄色,肉质紧密,粉质细面,香甜,口味好。

【栽培要点】 同短蔓京绿栗南瓜。

【种植地区】 适宜华北等地种植。

【供种单位】 同短蔓京绿栗南瓜。

5. 德栗 1 号南瓜

【品种来源】 湖南省常德市蔬菜科学研究所育成。

【特征特性】 早熟,生长势强,耐寒性强。第一雌花着生于主蔓第六至第八节,最佳坐果节位第十二至第十五节。瓜扁圆形,深绿色,果肉厚,深黄色,粉甜,口感好。单瓜重 1.3～1.6 千克。每 667 平方米产量 4 000～5 000 千克。

【栽培要点】 湖南省春季保护地 2 月上中旬播种,露地 3 月上中旬播种,嫁接栽培。上架栽培要提早 10～15 天,秋季 9～10 月播种在拱棚或日光温室内,地膜覆盖,嫁接栽培每 667 平方米定植 800～1 000 株,双蔓整枝,1 株双架。爬地栽培每 667 平方米定植 600～800 株,双蔓或三蔓整枝。注意进行人工辅助授粉。

【种植地区】 适宜湖南省等地种植。

【供种单位】 湖南省常德市蔬菜科学研究所。地址:常德市青年东路新安路口。邮编:415000。电话:0736—7770997。

6. 德笋1号南瓜

【品种来源】 湖南省常德市蔬菜科学研究所育成。

【特征特性】 早熟,植株蔓生,主侧蔓均可结瓜。耐寒性强,株型紧凑。第一雌花着生于主蔓第六至第八节,侧蔓第三至第五节出现雌花。瓜长圆筒形,嫩瓜淡黄色,肉细质脆。以食用嫩瓜为主,前期单瓜重400~500克,中后期单瓜重800~1 000克。从播种至始收50~60天。每667平方米产量5 000千克左右。

【栽培要点】 湖南省3月上旬冷床育苗,苗龄30天左右,4月上中旬露地定植。上架栽培,行株距70厘米×40厘米,单蔓整枝。爬地栽培行株距150厘米×40厘米。注意进行人工辅助授粉。及时采收根瓜。

【种植地区】 适宜湖南省等地种植。

【供种单位】 同德栗1号南瓜。

7. 四月鲜小青瓜

【品种来源】 湖南省常德市蔬菜科学研究所育成。

【特征特性】 早熟,生长势强,耐寒性强。主蔓长1.5~2米,第一雌花着生于主蔓第四至第六节,侧蔓雌花着生于第三至第五节。嫩瓜淡绿色到深绿色,椭圆形。质地脆嫩,品质好。每667平方米产量3 500~4 500千克。

【栽培要点】 湖南省春季2~3月播种,秋季7~8月播种。爬地栽培,单蔓或双蔓整枝,行株距150厘米×40~50厘米。上架栽培,采用单蔓整枝,行株距70~80厘米×40厘米。

【种植地区】 适宜湖南省等地春秋露地种植。

【供种单位】 同德栗1号南瓜。

8. 都香南瓜

【品种来源】 从日本引进。

【特征特性】 早熟,坐果稳定。多施肥也不易发生徒长,侧枝少,适于密植。最佳着果节位在第十二至第十三节,着果 30 天左右即可收获。果形美观,果肉厚,单瓜重约 1.2 千克。粉甜如栗,口感绝佳。

【栽培要点】 最适于 3 月中旬至 5 月中旬播种,6 月中旬至 9 月下旬收获的地膜覆盖栽培。早播应进行温床育苗。

【种植地区】 适于福建省等地小拱棚早熟密植栽培。也可用于露地栽培。

【供种单位】 福建省福州农播王种苗有限公司。地址:福州市工业路 568 号福建留学人员创业园 2—209 室。邮编:350002。电话:0591—3795697。

9. 夷香南瓜

【品种来源】 从日本引进。

【特征特性】 低温生长性良好,果实扁圆,果肉厚,单瓜重 1.5~1.7 千克。产量高,口味极好。约在第十节出现良好雌花,以后每隔 3 节出现一雌花。

【栽培要点】 注意应在子蔓第十节以后留果。其他同都香南瓜。

【种植地区】 适于福建省等地小拱棚早熟密植栽培。也可用于露地栽培。

【供种单位】 同都香南瓜。

10. 红日南瓜

【品种来源】 从台湾省引进。

【特征特性】 早熟，结果容易。果实近椭圆形，果皮金黄色，日照不足时容易发生绿斑，宜加注意。单瓜重 2 千克左右，肉色橙黄色，粉质味甜，品质优。开花后约 45 天可采收，以采收老熟瓜为目的。贮藏力强。抗白粉病及耐病毒病。

【栽培要点】 广州地区春播适播期为 1～2 月，秋播为 8～10 月。

【种植地区】 适于华南地区种植。

【供种单位】 广东省良种引进服务公司。地址：珠海市拱北粤海东路发展大厦 7 楼。邮编：519020。电话：0756—8884073。

11. 金将南瓜

【品种来源】 从日本引进。

【特征特性】 生长势中等且比较稳定。单瓜重 1.2～1.5 千克，果形一致，扁圆形。果色深绿带淡绿色条纹及斑点，果肉金黄色，肉厚，粉质，食味特佳。雌性强，易坐果，即使在低节位着果也极少畸形果，前期产量高。从低温到高温果形都不会变化，无用果很少。

【栽培要点】 同红日南瓜。

【种植地区】 适于华南地区种植。

【供种单位】 同红日南瓜。

12. 金铃小南瓜

【品种来源】 从日本引进。

【特征特性】 植株生势中等，果实葫芦形。果皮青绿带有浅白绿色纵向斑纹。植株雌性强，有连续结瓜的习性，结瓜多，产量高。以食用嫩瓜为主。单瓜重 350～400 克。肉质嫩甜，风味佳。较耐寒。

栽培要点、种植地区、供种单位同红日南瓜。

13. 金威南瓜

【品种来源】 从日本引进。

【特征特性】 果实扁球形。果皮青绿色，稍有灰绿斑纹，果肉厚，颜色深黄，味道极佳。平均单瓜重约1.8千克，大小整齐。坐果、肥大性良好。容易栽培。

【栽培要点】 广州地区播种期为8月至翌年2月，其他地区播种期请通过试验确定。

种植地区、供种单位同红日南瓜。

14. 金勇南瓜

【品种来源】 从日本引进。

【特征特性】 果实扁球形，果皮青黑色，稍有灰绿斑纹。果肉厚，颜色深黄，味道极佳。平均单瓜重1.25~1.5千克，大小整齐。坐果、肥大性良好。

【栽培要点】 广州地区播种期为8月至翌年2月。每667平方米种植约450株，用种量约100克。

种植地区、供种单位同红日南瓜。

15. 锦荣南瓜

【品种来源】 从日本引进。

【特征特性】 早熟，坐果性良好，单瓜重1.2~1.5千克。果形整齐好看，扁圆。果皮深绿色，果肉深黄色，粉质，味道极佳。叶较小，植株中等，容易栽培。第六至第八节着生第一雌花。低节位着果易发生畸形果。温度适应性广，低温至高温期都能稳定栽培。

栽培要点、种植地区、供种单位同红日南瓜。

16. 胜荣南瓜

【品种来源】 从日本引进。

【特征特性】 早熟,果皮深绿色,果肉深黄色,粉质,味道佳。叶片较小,植株中等,栽培容易。第六至第八节着生第一雌花。果形扁圆,整齐好看,坐果良好。单瓜重1.2~1.5千克,低节位着果易发生畸形果。温度适应性广,低温至高温期都能稳定栽培。

栽培要点、种植地区、供种单位同红日南瓜。

17. 女儿红南瓜

【品种来源】 广东省农科集团(院)良种苗木中心育成。

【特征特性】 早熟,生长势强。第一雌花着生于第八节左右,以主蔓结瓜为主。瓜高扁圆形,红橙色,有光泽,有条斑。肉厚,瓜肉深橙色,肉质粉面,微甜,有板栗风味。单瓜重1~1.5千克。耐贮运。抗白粉病和枯萎病。

【栽培要点】 喜冷凉气候,不耐热,华南地区以晚秋和冬春季种植为宜。搭架栽培,株距45~60厘米,双蔓或单蔓整枝,每株留瓜2~4个。爬地栽培应注意翻瓜,开花授粉后55天可采收。

【种植地区】 全国各地均可栽培。

【供种单位】 广东省农科集团(院)良种苗木中心。地址:广州市五山路。邮编:510640。电话:020—87596558。

18. 粤科蜜本(狗肉)南瓜

【品种来源】 广东省农科集团(院)良种苗木中心育成。

【特征特性】 植株蔓生,中早熟,定植后85~90天开始采收。瓜棒槌形或葫芦形,老熟瓜橙黄色,肉厚,瓜肉橙红色,粉质味甜,口感好。瓜长约36厘米,横径14~15厘米,单瓜重2~3千克。适应性广,耐旱,抗病。每667平方米产量2500千克左右。

【栽培要点】 华南地区春季种植于12月至翌年3月播种，秋季于7～8月播种。播种后要浇足水，以后结合施肥进行浇水。单蔓整枝或多蔓整枝均可。蔓长40～50厘米时开始压蔓，压3～4次。注意防治烟粉虱。

种植地区、供种单位同女儿红南瓜。

19. 丹红1号南瓜

【品种来源】 广东省农科院蔬菜研究所育成。

【特征特性】 早熟，生长势强。第一雌花着生于第八至第十节，主侧蔓结瓜。瓜形扁圆，皮橙红色，有光泽。单瓜重1～1.5千克。肉厚3厘米左右，肉质粉甜，具板栗风味。耐贮运。抗病性强。

【栽培要点】 喜冷凉气候。广州地区春露地1～3月播种，秋季7～9月播种，保护地10月至翌年4月播种。每667平方米种植600～800株。只留主蔓不留侧蔓或留1条主蔓1条侧蔓，建议采用插竹竿上架种植。商品瓜皮色受环境影响较大，爬地种植要注意翻瓜。若后期光照不足，气温过高，营养不良或受病毒感染，有可能出现“花瓜”现象。

【种植地区】 适宜华南地区种植。

【供种单位】 广东省农科院蔬菜研究所。地址：广州市天河区五山路省农科院内。邮编：510640。电话：020—38469591。

20. 翡翠南瓜

【品种来源】 广东省农科院蔬菜研究所育成。

【特征特性】 蔓生，果实扁圆形，有浅沟，皮墨绿色带青斑。单瓜重约1千克。果肉黄色，粉质，带板栗风味。

【栽培要点】 广州地区1～3月播种，畦宽2～2.5米（连沟），双行植，株距60厘米，上架栽培，每667平方米定植1 200株左右。

主蔓结瓜,摘除侧蔓。单株留瓜2~3个。

种植地区、供种单位同丹红1号南瓜。

21. 蜜本南瓜

【品种来源】 广东省农科院蔬菜研究所育成。

【特征特性】 早中熟,植株生长势强,分枝多,茎较粗,主蔓第十五至第十六节着生第一雌花。春季从播种至初收85~90天,秋季55天。瓜棒锤形,成熟瓜皮橙黄色,果肉厚,心室小,肉橘黄色,肉质致密,水分少,口感细腻,味甜,品质极佳。耐贮运。单瓜重2.5~3千克,一般每667平方米产量3 500千克。

【栽培要点】 广州地区适播期为1~3月和7~8月。多施有机肥,苗高12~15厘米时追施薄肥,株高30厘米时培肥。生长期内做好引蔓、压蔓及适当摘除侧蔓工作。注意防治病毒病、白粉病和黄守瓜。

【种植地区】 适合全国各地种植。

【供种单位】 同丹红1号南瓜。

22. 寿星南瓜

【品种来源】 合肥丰乐种业股份有限公司。

【特征特性】 早熟,植株生长势强。瓜扁圆形,瓜面光滑,墨绿皮相间浅绿斑点,有不明显放射状条带。瓜肉深橘黄色,肉厚4厘米左右,肉质致密,粉质好,纤维少,口感好。单瓜重1.8千克左右。每667平方米产量3 500千克左右。

【栽培要点】 长江中下游地区2月底至7月底均可播种,采用保护地或露地栽培。参考株距45~60厘米,行距3米。

【种植地区】 适宜安徽省等地种植。

【供种单位】 合肥丰乐种业股份有限公司。地址:安徽省合肥市长江西路727号。邮编:230031。电话:0551—5563721。

23. 金星南瓜

【品种来源】 合肥丰乐种业股份有限公司。

【特征特性】 优质、早熟、红皮的南瓜新品种。全生育期80天。果实扁球形，皮色金红，肉厚4厘米，肉深橘黄色，肉质紧细，面甜可口。易坐果，平均单瓜重1.5千克左右。每667平方米产量4000千克左右。

【栽培要点】 长江中下游地区一般在1~7月均可播种，采用保护地或露地栽培。株行距为0.4~ 0.6米×2.5~3米。

种植地区、供种单位同寿星南瓜。

24. 栗晶南瓜

【品种来源】 合肥丰乐种业股份有限公司。

【特征特性】 早熟，全生育期77天。生长势强，分枝性较强，主侧蔓均可结瓜。第一雌花着生于主蔓第六至第七节。果实扁球形，表皮黑色，有散星状斑点，果面有银灰色条纹。横径约20.5厘米，纵径11.2厘米左右，肉厚约3.8厘米。老熟瓜肉金黄，质粉面甜，食味佳。易坐果，平均单瓜重2千克。平均每667平方米产量2500千克。

栽培要点、种植地区、供种单位同寿星南瓜。

25. 红蜜南瓜

【品种来源】 河北省邢台华丰种子有限公司育成。

【特征特性】 早熟，易结果。开花后33天左右成熟。单瓜重1.5~2千克。抗病性及抗湿性强，低温下生长良好。果实扁球形，果皮金红色，肉厚，粉质香甜。耐贮运。

【栽培要点】 单蔓整枝，每667平方米定植1000株左右，株行距0.4米×1.5米，每株坐瓜2~3个。双蔓整枝，每667平方米定植550株,株行距0.8米×1.5米,每株坐瓜2个。无论单蔓或双蔓整枝,都要在所留最后1个瓜前留3叶摘心,及时去除侧枝。

【种植地区】 适宜华北地区种植。

【供种单位】 河北省邢台华丰种子有限公司。地址:邢台市豫让桥东市场北一街71号。邮编:054001。电话:0319—3212563。

26. 夕阳红南瓜

【品种来源】 河南省农科院园艺研究所育成。

【特征特性】 全生育期80天左右。生长势稳健,节间短,雌花密,连续坐果率强。果实扁圆形,果面橙红色,带有暗黄条斑,果肉金黄色,肉质紧细,粉质度高,品质佳。单瓜重2千克左右。耐贮运性好。生长期适于在32℃以下生长。

【栽培要点】 深耕时施足农家肥及磷、钾肥做基肥。护根育苗,2～3叶期定植。采用地膜覆盖栽培,露地栽培每667平方米定植800棵左右,单蔓或双蔓整枝。苗期及生长中期要严格防治蚜虫、白粉虱等,预防病毒病的发生。生长中后期,注意通风透光,光照充分均匀,有利于果实着色。

【种植地区】 适合河南省等地露地及保护地早熟栽培。全国各地均可栽培。

【供种单位】 河南省农科院园艺研究所。地址:郑州市农业路1号。邮编:450002。电话:0371—5738245。

27. 龙早面南瓜

【品种来源】 黑龙江省农业科学院园艺分院育成。

【特征特性】 早熟,全生育期73天。极易坐瓜,每株坐2～3个瓜。单瓜重2千克左右。果实香面适口。

【栽培要点】 行株距130厘米×70厘米。每株留瓜2～3个。

【种植地区】 适宜黑龙江省等地栽培。

【供种单位】 黑龙江省农科院园艺分院蔬菜研究所。地址：黑龙江省哈尔滨市哈平路义发源。邮编：150069。电话：0451—86674275。

28. 谢花面南瓜

【品种来源】 黑龙江省农业科学院园艺分院育成。

【特征特性】 早熟。以主蔓结瓜为主，侧蔓不发达。果实扁圆形，有灰色、绿色两种，香面适口。易坐瓜。单瓜重 1 000 ~ 1 500 克。

栽培要点、种植地区、供种单位同龙早面南瓜。

29. 白玉霜南瓜

【品种来源】 湖南省衡阳市蔬菜研究所育成。

【特征特性】 中晚熟，蔓生，不耐肥。第一雌花着生于主蔓第十至第十二节。单株结瓜 2 ~ 3 个，单瓜重约 1.5 千克。瓜扁圆形，有纵沟，表皮白绿色。老熟瓜肉厚粉甜、清香，品质好。耐贮运。

【栽培要点】 长江中下游春露地栽培一般于 3 月中下旬播种育苗。施足底肥，适时追肥。

【种植地区】 适宜湖南省等地种植。

【供种单位】 湖南省衡阳市蔬菜研究所。地址：衡阳市燕水桥北 500 米。邮编：421001。电话：0734 – 8587932。

30. 红宝石南瓜

【品种来源】 湖南省衡阳市蔬菜研究所育成。

【特征特性】 早中熟，蔓生，不耐肥。第一雌花着生于主蔓第十至第十二节。单株结瓜 2 ~ 3 个，单瓜重 1 ~ 1.5 千克。瓜扁圆形，表皮橘红色。老熟瓜粉甜。耐贮运。

栽培要点、种植地区、供种单位同白玉霜南瓜。

31. 金癞丽南瓜

【品种来源】 湖南省衡阳市蔬菜研究所育成。

【特征特性】 早中熟,蔓生,分枝性强。第一雌花着生于主蔓第十六至第十八节。一般2个瓜连生,隔1~2节再结1~2个瓜。一般每株结瓜3~4个。老瓜外皮坚硬,呈金黄色,高圆形,上有瘤状突起,纵径8~9厘米,横径7~8厘米。耐贮存。观赏价值高。

栽培要点、种植地区、供种单位同白玉霜南瓜。

32. 绿玉南瓜

【品种来源】 湖南省衡阳市蔬菜研究所育成。

【特征特性】 早熟,蔓生。第一雌花着生于主蔓第十至第十二节。单株结瓜2~3个,单瓜重1.5~2千克。瓜扁圆形,表皮深绿色。中度成熟,粉质,细滑可口。老熟瓜粉甜清香,食用品质好。耐贮运。

栽培要点、种植地区、供种单位同白玉霜南瓜。

33. 一串铃1号早南瓜

【品种来源】 湖南省衡阳市蔬菜研究所育成。

【特征特性】 早熟,蔓生,生长势中等。第一雌花着生于主蔓第六至第八节。瓜码密,一般可连续着生3~4个瓜。嫩瓜圆球形,表皮深绿色间有白色点状花纹。食用嫩瓜单瓜重0.4~0.5千克。老熟瓜扁圆形,表皮黄棕色,单瓜重1~2千克,耐贮运。嫩瓜脆嫩,老熟瓜粉甜,食用品质好。耐肥,适应性强。前期嫩瓜产量每667平方米900~1 000千克,全期嫩瓜、老瓜产量3 000~4 000千克。

栽培要点、种植地区、供种单位同白玉霜南瓜。

34. 一串铃2号早南瓜

【品种来源】 湖南省衡阳市蔬菜研究所育成。

【特征特性】 早熟,蔓生,生长势较强,不耐肥。第一雌花着生于主蔓第十至第十二节。从定植至始收嫩瓜需35~49天,比一串铃1号早南瓜晚7~10天。瓜码密,一般可连续着生2~3个瓜。嫩瓜圆球形,表皮深绿色,无白色花纹。老熟瓜扁圆形,表皮黄棕色,间花斑,果肉黄白色,品质一般,稍粉甜。单瓜重2.3~3千克。前期嫩瓜产量每667平方米300~600千克,全期嫩瓜、老瓜产量2400~3000千克。

栽培要点、种植地区、供种单位同白玉霜南瓜。

35. 红板栗南瓜

【品种来源】 湖北省咸宁市蔬菜科技中心育成的印度南瓜一代杂种。

【特征特性】 植株蔓生,早熟。第一雌花着生于主蔓第八节,可连续坐果2~3个。从播种到采收嫩瓜55天左右,到采收老瓜80天左右。果实厚扁圆形,皮薄,果面光滑,嫩瓜橘红色,老瓜深红色,果肉黄红色,粉质香甜,空腔小,肉厚3厘米左右,单瓜重1千克左右。抗寒耐旱,生长势强,较抗白粉病和霜霉病。搭架栽培每667平方米产量3000千克左右。

【栽培要点】 武汉地区春季利用小拱棚覆盖栽培,可于2月上旬播种,3月中旬采用小苗定植;秋播7~8月播种。北方反季节栽培于9~10月播种,行距2米,株距40~50厘米。单蔓整枝每667平方米栽苗700株,双蔓整枝栽苗500株,搭架栽培栽苗1000株。

【种植地区】 适宜湖北省等地种植,现已推广到广东、广西、海南及山东等省、自治区。

【供种单位】 湖北省咸宁市蔬菜科技中心。地址:湖北省咸宁市咸安区西河桥18号。邮编:437000。电话:0715—8325210。

36. 青板栗南瓜

【品种来源】 湖北省咸宁市蔬菜科技中心育成。

【特征特性】 植株蔓生,生长势较强,蔓长4米左右。果扁圆形,嫩瓜表面光滑,绿色带少量白斑,老瓜表皮墨绿色、硬质,肉橙黄色,厚4厘米左右,肉质香甜粉质,品质佳。单瓜重1.5千克左右。早熟,耐寒,从播种到始收嫩瓜仅需52天,到采收老瓜共需70天左右。耐贮运。较抗病毒病,抗霜霉病,耐白粉病。每667平方米产量3000千克。

【栽培要点】 同红板栗南瓜。

【种植地区】 适宜长江流域、黄河流域地区及黑龙江等地栽培。

【供种单位】 同红板栗南瓜。

37. 五月早南瓜

【品种来源】 湖北省咸宁市地方品种,经湖北省咸宁市蔬菜科技中心提纯复壮。

【特征特性】 植株蔓生,生长势中等。主侧蔓可同时结瓜,第一雌花着生于主蔓第六节左右。果实表面光滑,嫩瓜圆形,表皮嫩绿色,果肉淡绿色,肉厚3厘米左右,单瓜重600克左右。老熟瓜肉橙黄色,单瓜重2.2千克左右。早熟,春播露地栽培60天左右采收,秋播45天可采收嫩瓜。较耐寒,耐热,耐肥,抗病。雌花节率34%左右,可连续坐瓜2~3个,单株结瓜8个左右。嫩瓜口感脆嫩味甜,肉质细密,品质好。一般以采收嫩瓜为主,每667平方米可收嫩瓜2000千克、老瓜1000千克。老瓜水分多,不耐贮藏。

【栽培要点】 春季武汉地区利用小拱棚覆盖栽培,可于2月上旬播种,3月中旬采用小苗定植;秋播7~8月播种。北方反季节栽培于9~10月播种。

【种植地区】 适宜湖北、湖南、四川、贵州、云南等省种植。

【供种单位】 同红板栗南瓜。

38. 红栗南瓜

【品种来源】 湖南省瓜类研究所育成的杂交一代南瓜种。2001年通过湖南省农作物品种审定委员会审定。

【特征特性】 植株生长势强,全生育期92天左右。从开花至果实成熟38天左右。始花节位第三至第七节,可连续出现雌花,连续坐果能力强。果实成熟后花痕直径小,果柄短而粗,果实扁圆形,果形指数0.66。果皮深红色,果面平滑,有10条纵列的浅红条纹。单瓜重1.2千克左右,果实整齐一致,商品率高。肉质致密,肉厚3.1厘米,粉质味甜风味好。一般每667平方米产量1800千克左右。适应性广,抗逆性强,耐低温、高温,耐白粉病,对病毒病抗性较强。

【栽培要点】 长江中下游地区露地栽培宜在3月中下旬播种,营养钵育苗。栽培密度每667平方米500株,株行距0.6米×2~2.5米,地膜覆盖。深沟高畦栽培。搭架栽培时,栽培密度以每667平方米栽800~1000株为宜。5叶期摘心,双蔓整枝,及时摘除子蔓侧枝。

【种植地区】 适于全国大部分地区露地栽培,也可用于保护地特早熟栽培和秋冬延后栽培。

【供种单位】 湖南省瓜类研究所。地址:湖南省邵阳市东大路587号。邮编:422001。电话:0739—5050618。

39. 锦栗南瓜

【品种来源】 湖南省瓜类研究所育成。2000年通过湖南省农作物品种审定委员会审定。

【特征特性】 植株生长势强,全生育期98天左右。从开花到果实成熟40天左右,始花节位第六至第八节,可连续出现雌花,连续坐果能力强。果实成熟后花痕直径小,果柄短而粗,果实扁圆形,果皮深绿色,上有淡色斑,单瓜重1.5千克左右。果实整齐一致,商品率高。肉质致密,肉厚3.4厘米,粉质度高,风味好。抗逆性强,耐低温和高温,抗病毒病,适应性广。平均每667平方米产量2000千克左右。

【栽培要点】 长江中下游地区露地栽培宜在3月中下旬播种,营养钵育苗。栽培密度每667平方米栽500株左右,株行距0.6米×2~2.5米。双蔓整枝,及时摘除子蔓侧枝。

【种植地区】 适宜全国大部分地区露地及各种保护地栽培。

【供种单位】 同红栗南瓜。

40. 青栗南瓜

【品种来源】 隆平高科湘园瓜果种苗分公司育成。

【特征特性】 生长势较强。早熟,耐寒,耐热。果实扁圆形,果皮底色深绿,缀有浅色条斑。果肉橙黄色,肉厚,味甜,质粉,风味似板栗,品质佳。单瓜重1.8千克左右。节成性好,抗逆性强,丰产潜力大。耐贮运。老嫩果均可食用,也可用于加工。每667平方米产量2800千克左右。

【栽培要点】 大棚早熟栽培和冷凉地、高冷地露地栽培均可。肥力要求中等,2~3蔓整枝,每株可留4~6个瓜。每667平方米栽500株左右。雌花着生良好,坐果性强,每蔓第二瓜坐好后,留4~6叶摘心。

【种植地区】 适宜湖南省等地大棚早熟栽培以及冷凉地和高冷地的露地栽培。

【供种单位】 隆平高科湘园瓜果种苗分公司。地址:湖南省长沙市芙蓉区马坡岭湖南省农科院内。邮编:410125。电话:0731—4692464。

41. 湘园红栗南瓜

【品种来源】 隆平高科湘园瓜果种苗分公司育成。

【特征特性】 植株生长势较强。早熟,耐寒,耐热。外形美观,果皮橙红色,果形扁圆,既可观赏,也可食用。肉质粉甜。抗病性较强。耐贮运。

【栽培要点】 大棚早熟栽培和冷凉地、高冷地栽培均可。播种期可根据各地气候条件确定。每667平方米栽500株,肥力要求较高,留2~3条健壮子蔓。坐果性好,连续坐果力强,以每蔓留1~2个好瓜为宜。第二个瓜坐好后,留4~6叶摘心,以第二至第三雌花坐果着色最好。果蒂部略有青斑。若栽培不当,后期光照不良,营养供应不足或病毒感染,有可能产生"花瓜"现象。

【种植地区】 适宜湖南省等地种植。

【供种单位】 同青栗南瓜。

42. 翠珠南瓜

【品种来源】 隆平高科湘园瓜果种苗分公司育成。

【特征特性】 早熟,植株生长势中等偏弱。第一雌花着生于主蔓第四至第七节,侧蔓3~5节,雌花多,连续坐果性好。果实椭圆形,果皮淡绿色,肉淡黄,质地细嫩,嫩瓜单瓜重400克左右。为嫩果专用型品种。

【栽培要点】 长江流域因栽培设施不同,2月下旬至4月中旬均可播种,5~7月采收。要求肥力中等。生长期勤打侧枝,可利用坐瓜灵或西葫芦花粉提高早期坐果率。每667平方米栽450株左右,用种量150~180克。

种植地区、供种单位同青栗南瓜。

43. 福星南瓜

【品种来源】 安徽省合肥江淮园艺研究所育成。

【特征特性】 早熟。果实扁球形,深绿色相间浅绿斑点。果肉橙黄色,粉质,味甜,纤维少,品质佳,嫩果适合做菜用,老熟瓜食用亦佳。易坐果。耐贮运。单株坐果2~3个,平均单瓜重1.5~2千克。

【栽培要点】 长江中下游地区一般在1~7月均可播种,采用保护地或露地栽培。

【种植地区】 全国各地均可栽培。

【供种单位】 合肥市江淮园艺研究所。地址:合肥市长江西路898号111#。邮编:230088。电话:0551—5318456。

44. 金太阳南瓜

【品种来源】 安徽省合肥江淮园艺研究所育成。

【特征特性】 早熟,生长势稳健。全生育期80天。果实扁球形,果面深黄至红色,果色美丽。果肉橙红色,肉质紧细,高粉,少水,品质佳。易坐果,单株可坐果2~3个。单瓜重1.5千克左右。每667平方米产量2 000千克左右。可做菜、粮或供加工或观赏用。

【栽培要点】 深耕时施足磷、钾肥做基肥。株行距0.4~0.7米×3米。早春小拱棚早熟栽培或露地地膜覆盖栽培均可。2~3蔓整枝,每蔓可留1个果。适合在32℃以下栽培,栽培时注意通风透光。

种植地区、供种单位同福星南瓜。

45. 蜜本早南瓜

【品种来源】 安徽省合肥江淮园艺研究所育成。

【特征特性】 极早熟。每隔3～5节出现1朵雌花，易挂果，可连续采收。瓜长葫芦形，果柄较长，单瓜重约1.2千克。肉厚，含糖量高，肉质细。极耐贮运。嫩果浅绿色，成熟果浅黄色，嫩瓜、老瓜均可食用。抗病毒病、枯萎病和炭疽病。

栽培要点、种植地区、供种单位同福星南瓜。

46. 华锦南瓜

【品种来源】 江苏省中江种业股份有限公司育成。

【特征特性】 生长势强，早熟。果皮金红色，单瓜重1.3千克左右。瓜肉橙红亮丽，肉质细腻，糯粉香甜，品质好。抗逆性强。

【栽培要点】 江苏省一般春露地于3月播种育苗，4月初至中旬定植。每667平方米定植600株左右。施足底肥，适时追肥。

【种植地区】 适宜江苏省等地种植。

【供种单位】 江苏省中江种业股份有限公司。地址：江苏省南京市锁金村4—1号1楼。邮编：210042。电话：025—5434292。

47. 绿锦南瓜

【品种来源】 江苏省中江种业股份有限公司育成。

【特征特性】 生长势强，早熟，花后30～35天采收。果皮墨绿色，具浅隐条带，单瓜重1.3千克左右。瓜肉橙红亮丽，肉质糯粉香甜，品质好。生长适温18℃～28℃。抗白粉病。

栽培要点、种植地区、供种单位同华锦南瓜。

48. 昆明早南瓜

【品种来源】 云南省昆明市地方品种。

【特征特性】 早熟。植株蔓生，一般主蔓第七节开始着生雌花，以分枝结瓜为主。嫩瓜扁圆形，淡绿色，品质鲜嫩，口感好。单瓜重200～500克。耐寒。

【栽培要点】 昆明地区11月至翌年3月播种育苗,采用小拱棚或地膜覆盖栽培,于2~5月上市。畦宽2米,种植于畦的两侧,株距50~60厘米。生长前期可于畦中间套种速生绿叶蔬菜。种植前施足基肥,合理追肥。基肥及前期追肥以农家肥为主,后期以复合肥为主。爬蔓后要注意压蔓,促生新根。结瓜后注意及时采收。

【种植地区】 凡栽培中国南瓜的地区均可种植。

【供种单位】 云南省昆明市春都蔬菜花卉种苗研究所。地址:昆明市官渡区关上镇香条前村86号。邮编:650200。电话:0871—7185533。

49. 栗子南瓜

【品种来源】 从日本引进的一代杂交种。

【特征特性】 蔓生,生长势强,低温生长性好,坐果率高。瓜扁圆形,瓜皮暗绿色带灰色斑点。瓜肉厚,深黄色,有独特风味,略带粘性,口味佳。单瓜重2千克左右。坐果后50天左右为收获适期。

【栽培要点】 北京地区春露地种植于3月中下旬育苗,4月下旬至5月初定植。株行距40~50厘米×250厘米。双蔓整枝。

【种植地区】 全国大部分地区均可种植。

【供种单位】 上海惠和种业有限公司。地址:上海市仙霞路322号鑫达大厦A703。邮编:200336。电话:021—62095250。

50. 东升南瓜

【品种来源】 厦门市农友种苗有限公司育成。

【特征特性】 早熟,容易结果,耐白粉病力强,喜冷凉气候不耐热。果实通常厚扁球形,单瓜重1.2~2千克。果皮金红色,鲜艳夺目,但日照不足时容易发生绿斑。肉厚,橙色、艳丽,肉质粉质香甜,风味好。

【栽培要点】 华南地区播种适期为11月至翌年2月;北方适合用保护地栽培,2月上中旬播种,宜以双蔓或单蔓(只留母蔓)整枝栽培,株距为45~60厘米。1株可结2~3个果,果实开花后40~50天可采收,愈晚采收,肉质愈粉甜。耐贮藏,且风味不易变坏。

【种植地区】 我国南北方均可种植。

【供种单位】 农友种苗(中国)有限公司。地址:福建省厦门市枋湖东路705号。邮编:361009。电话:0592—5786386。

51. 一品南瓜

【品种来源】 厦门市农友种苗有限公司育成。

【特征特性】 早熟,果形扁圆,形状及大小整齐,单瓜重1千克左右。皮色青黑,稍有灰绿斑纹。果肉厚,黄色,粉质,水少味甜,品质风味优良。喜好冷凉气候,高温期病毒病较多。

【栽培要点】 华南地区播种适期为10月至翌年1月,北方可在保护地栽培。

【种植地区】 我国南北方均可种植。

【供种单位】 同东升南瓜。

52. 栗南瓜2号

【品种来源】 山东省青岛市农科所1999年育成的优良一代杂种。

【特征特性】 早熟,生长势较强。瓜扁圆形,横径约17.5厘米,高约9厘米,平均单瓜重1.5千克左右。皮灰绿色,果肉深黄色,肉厚,种子腔小,粉质度高,食味面甜。开花后约35天开始成熟。

【栽培要点】 春季种植,苗龄35~40天。定植适宜行距200

厘米，株距35厘米。施足底肥。单蔓整枝、1株1瓜。定植后及早抹除子蔓，雌花开放前选留13节前后的雌花，着瓜1个，其余雌花及早抹除。

【种植地区】 适宜山东省等地春棚和春季早熟栽培，也可秋季棚栽。

【供种单位】 山东省青岛市农科所。地址:青岛市李沧区浮山路168号。邮政编码:266100。电话:0532—7621643。

53. 金宝南瓜

【品种来源】 山西省晋生种子实业有限公司育成。

【特征特性】 植株蔓生，叶片桃形。第一雌花着生于第十五节左右，瓜呈鼎状，3~5足不等。瓜面橙红色，瓜足浅绿色，瓜肉橘黄色，甘面。单瓜重2千克左右。1株可结3~4个瓜，定植后约120天成熟。抗病耐贮运，食用观赏兼用。

【栽培要点】 株行距0.4米×2米，每667平方米定植800株左右，单蔓整枝，曲线压蔓。瓜长到拳头大小时，整平结瓜处地面，瓜足朝下放平，瓜面朝上，确保瓜形一致。进行人工辅助授粉以提高坐果率。也可采用吊架栽培。施足有机肥，多施磷、钾肥，注意防治白粉病。

【种植地区】 全国各地均可种植。

【供种单位】 山西省晋生种子实业有限公司。地址:山西省太谷县太徐路2号晋生种业大厦。邮编:030800。电话:0354—6250739。

54. 金阳南瓜

【品种来源】 山西晋生种子实业有限公司育成。

【特征特性】 植株蔓生，生长势强，主蔓第十节左右着生第一雌花，而后每隔3~4节着生一雌花。老熟瓜橘红色，瓜面光滑，单瓜重 2~4 千克，每 667 平方米产老瓜 3 500 千克左右。瓜肉质甘面，品质佳。

【栽培要点】 较耐瘠薄，砂壤土及山坡地均可栽培。华北地区春露地种植可于 4 月中下旬直播，晚霜过后幼苗出土，全生育期 100 天左右。其他地区可参照当地南瓜栽培习惯种植。

【种植地区】 适宜西北、华北等地种植。

【供种单位】 同金宝南瓜。

55. 金月南瓜

【品种来源】 山西晋生种子实业有限公司育成。

【特征特性】 早中熟，耐寒，喜肥，适应性广。叶片绿色，呈心脏状五角形，果颈较长，实心，果顶端略膨大。老熟瓜橙红色，被蜡粉，肉质致密，水分少，味甜。单瓜重 1~1.5 千克。主侧蔓结瓜，单株结瓜 3~4 个。每 667 平方米产量 2 000 千克左右。

【栽培要点】 深耕高畦，以爬地栽培为主。施足基肥，第一瓜坐稳后重施追肥。参考株行距 0.5 米×2 米。开花期要进行人工辅助授粉。

【种植地区】 适宜西北、华北等地区种植。

【供种单位】 同金宝南瓜。

56. 无蔓 4 号南瓜

【品种来源】 山西省农科院蔬菜研究所育成。

【特征特性】 植株无蔓，丛生，适宜密植。结瓜性能好，一株可结 3~4 个老瓜。瓜扁圆形，嫩瓜深绿色，有浅绿色条斑；老熟瓜深黄色，带有黑色花斑。单瓜重 1.2 千克左右。每 667 平方米产量 3 000~4 000 千克。

【栽培要点】 适宜小拱棚覆盖栽培。华北地区粗放栽培于 4 月中下旬直播，株行距 80 厘米×80 厘米。

【种植地区】 适宜山西省等地种植。

【供种单位】 山西省农科院蔬菜研究所。地址:太原市农科北路64号。邮编:030031。电话:0351—7124166。

57. 无蔓1号南瓜

【品种来源】 山西省农科院蔬菜研究所育成。

【特征特性】 植株无蔓,丛生,适宜密植。结瓜性能好,1株可结老瓜3个左右。瓜扁圆形,嫩瓜深绿色,老熟瓜棕黄色,单瓜重1.3千克左右。耐贮存。每667平方米产量3000~4000千克。

【栽培要点】 适宜小拱棚覆盖栽培。华北地区粗放栽培于4月中下旬直播,株行距80厘米×80厘米,每667平方米种植1000株左右。

【种植地区】 适宜山西省等地种植。

【供种单位】 同无蔓4号南瓜。

58. 红星栗南瓜

【品种来源】 山西省农科院蔬菜研究所育成。

【特征特性】 植株蔓生。早熟。从播种至采收85天左右。坐瓜能力强,单株可结瓜2~3个。单瓜重1.2~1.5千克。瓜形厚扁圆,瓜橙红色带好看的浅黄色条纹,瓜肉厚,呈橘红黄色,口感甜面,粉质度高,品质好。

【栽培要点】 可行单蔓或双蔓整枝。单蔓整枝行距130厘米×60厘米,需及时压蔓整枝,第一个瓜坐住后加强浇水追肥。遇雨水天气加强人工授粉。为使果面光滑着色均匀,在果实成熟期应经常转动果面。进行搭架栽培,商品性会更好。后期注意白粉病的防治。

【种植地区】 适宜山西省等地种植。

【供种单位】 同无蔓4号南瓜。

59. 绿星栗南瓜

【品种来源】 山西省农科院蔬菜研究所育成。

【特征特性】 早熟,植株蔓生,生长势强。从播种至采收85天左右。单瓜重平均1.2~1.5千克,瓜形厚扁圆有肩,深绿色带浅绿色散斑,外观漂亮。瓜肉厚,深黄色,口感甘甜,细面,品质佳。较抗病毒病,易坐果,1株可坐瓜2~3个,产量高。

【栽培要点】 可行单蔓或双蔓整枝,每株留瓜2~3个,单蔓整枝行株距160厘米×60厘米,及时压蔓打杈。在第一个瓜坐住后加强肥水管理。遇恶劣天气加强人工授粉。后期注意白粉病的防治。

【种植地区】 适宜山西省等地种植。

【供种单位】 同无蔓4号南瓜。

60. 银星栗南瓜

【品种来源】 山西省农科院蔬菜研究所育成。

【特征特性】 早熟,植株蔓生。从播种至采收85天左右。主侧蔓均可结瓜。单瓜重1.2~1.5千克,瓜形扁圆有肩,淡灰绿底带本色斑纹,果形整齐美观,瓜肉深黄色,肉厚2.8厘米,肉质糯粉,香甜,味佳。耐贮藏。

【栽培要点】 单蔓或双蔓整枝,单蔓整枝行株距150厘米×60厘米,需及时压蔓整枝摘心,在第一个瓜坐住后再进行浇水追肥。遇雨水天气加强人工授粉,产量会更高。果实成熟期应经常转动果面,商品性会更好。后期注意白粉病的防治。

【种植地区】 适宜山西省等地种植。

【供种单位】 同无蔓4号南瓜。

61. 短蔓银星栗南瓜

【品种来源】 山西省农科院蔬菜研究所育成。

【特征特性】 前期为矮生的密植型早熟品种,节间短缩,适合密植。坐果早且产量高,从播种至采收90天左右。单瓜重1.2~1.5千克。瓜形厚扁圆,灰绿底有本色斑纹,外观漂亮,瓜肉较厚,呈深红黄色,口感甘甜、细面,品质好。

【栽培要点】 可行单蔓、双蔓或三蔓整枝。单蔓整枝行距140厘米×60厘米,多蔓整枝5叶期打顶,留2~3个强壮侧蔓,每蔓留1个瓜后留4~6片叶打顶。第一个瓜坐稳后再进行浇水追肥。遇不良天气加强人工授粉。果实成熟过程中经常转动果面,以提高其商品性。后期注意白粉病的防治。

【种植地区】 适宜山西省等地种植。

【供种单位】 同无蔓4号南瓜。

62. 红蜜1号南瓜

【品种来源】 山西省农科院蔬菜研究所育成。

【特征特性】 中早熟。定植后90天左右收获。成熟后果实为橙黄色,果肉为橙红色,口感甘甜、细面,品质极佳,商品性好。耐贮运。单瓜重3~3.5千克。

【栽培要点】 可行单蔓或双蔓整枝,单蔓整枝行株距160厘米×60厘米。及时压蔓打杈,后期注意白粉病的防治。

【种植地区】 适宜山西省等地种植。

【供种单位】 同无蔓4号南瓜。

63. 日本南瓜

【品种来源】 由国外引进。

【特征特性】 属嫁接砧木与食用兼用型一代杂交种。植株蔓生,生长势强。抗病,耐寒,耐旱。第一雌花着生在第十至第十二节,单瓜重 1.5~2 千克,1 株可摘 2~3 个瓜,瓜表面凹凸不平,有瘤状突起。老瓜皮深绿色。果肉较厚,呈深杏黄色,香甜带粉质,适口性极佳。每 667 平方米产量在 3 000 千克以上。

【栽培要点】 当地晚霜过后,即可露地直播。如育苗,可在晚霜过后尽早定植。每 667 平方米种植 650~800 株。苗期适当控制水肥,长至 5~6 片叶时,及时摘心,双蔓整枝,注意生长期内整枝压蔓。重施农家肥,增施磷、钾肥。

【种植地区】 适宜全国各地栽培。

【供种单位】 同无蔓 4 号南瓜。

64. 黄狼南瓜

【品种来源】 上海市地方品种。

【特征特性】 早熟,植株蔓生。瓜肉细致味甜而糯,品质优良,耐贮藏。第一雌花着生在第八至第十一节。瓜呈长棒槌形,略弯曲,纵径 35~45 厘米,横径 12~16 厘米,顶部膨大,老熟时橙红色,有白粉, 无棱,稍有皱纹。单瓜重 1.5~2.5 千克,每 667 平方米产量 2 000~2 500 千克。生长期 100~120 天。

【栽培要点】 上海地区一般在 2 月下旬到 4 月播种育苗。爬地栽培株距 50 厘米,行距 1.8~2 米,每 667 平方米定植 650~700 株。从瓜蔓长至 50 厘米左右进行第一次压蔓,以后每隔 70 厘米压蔓 1 次,共压蔓 3~4 次。要采取适当的整枝、摘叶和打顶等措施。

【种植地区】 适宜全国各地春露地栽培。

【供种单位】 上海攀峰种苗有限公司。地址:上海市青浦区支介路 76 号。邮编:201700。电话:021—59722767。

65. 迷你南瓜

【品种来源】 苏州市蔬菜研究所育成。2002年通过苏州市科技局成果鉴定。

【特征特性】 生长势中等。春季栽培,第一雌花着生于主蔓第四至第六节,侧蔓着生于第二至第三节;秋季栽培,第一雌花着生于主蔓第八节左右,侧蔓着生于第六节左右;春秋季栽培,连续结果能力强。从雌花开放经授粉至果实成熟30天左右,嫩瓜坐果后15天即可炒食。果形整齐,扁圆形,色泽鲜艳,果皮黄色,果面条沟内覆盖10条深黄色的纵形条纹,果实表面具有蜡质感,具观赏性,商品性佳。单果重200~300克,耐贮运。果肉黄色,肉质致密,口感细腻、甜糯。春季栽培,每667平方米产量2000千克以上,秋季1300千克左右。

【栽培要点】 苏州地区春季栽培于1月上旬至2月中旬在日光温室内用营养钵育苗,2~3月上旬当地温稳定在15℃以上时定植。按畦宽1米、沟宽0.4米做畦。一般采用立架栽培。每畦中间定植1行,株距0.6米,四蔓整枝(二蔓整枝株距为0.3米),侧蔓第十节开始留果,每侧蔓留果4~5个,间距5节左右,同时要做好人工授粉工作,及时疏除多余的雌花。

【种植地区】 适宜各地保护地栽培。

【供种单位】 苏州市蔬菜种子有限公司。地址:江苏省苏州市阊胥路88号。邮编:215002。电话:0512—68262296。

66. 冠龙南瓜

【品种来源】 新疆西域种业有限公司育成。

【特征特性】 中熟,播种后90天成熟。生长势强壮,结实力强。每株坐瓜3~5个。果实长形,单瓜重4.5千克。肉质细密,甘甜,种腔小,可食率极高。果肉金黄色,果实成熟后可贮藏数月,可供应冬季漫长的蔬菜淡季。适应性强,耐旱耐瘠薄。

【栽培要点】 施足底肥,坐瓜后及时追肥。

【种植地区】 适宜新疆等地栽培。

【供种单位】 中美合资新疆西艺好乐种子有限公司。地址:新疆维吾尔自治区昌吉市宁边东路46号。邮编:831100。电话:0994—2358198。

67. 吉祥1号南瓜

【品种来源】 中国农科院蔬菜花卉研究所育成。2000年通过北京市农作物品种审定委员会审定。

【特征特性】 早熟,从播种至采收老熟瓜需75~85天。长蔓类型,生长势较强,第一雌花节位在第九至第十节。瓜扁圆形,瓜皮深绿色带有浅绿色条纹,瓜肉橘黄色,肉质细密,粉质重,口感甜面。瓜型小,单瓜重1~1.5千克。风味独特,煮食易熟,适口性好。抗病性强。每667平方米产量1500千克左右。

【栽培要点】 苗龄25~30天,立架栽培行距80~100厘米,株距40~50厘米,每667平方米种植1200~1500株。食用嫩瓜要及时采收,以利于上部果实的膨大与发育。老熟瓜需在开花后30~35天采收。在早熟栽培中要注意及时进行人工辅助授粉,以提高坐果率。在栽培过程中要施足底肥,及时追肥,特别是要及时浇水,保持土壤湿润。注意防治病毒病和白粉病。

【种植地区】 适宜全国各地保护地及春露地种植。

【供种单位】 中国农科院蔬菜花卉研究所。地址:北京市海淀区中关村南大街12号。邮编:100081。电话:010—68919544。

68. 金辉1号南瓜

【品种来源】 东北农业大学园艺学院育成的籽用南瓜品种。2001年通过黑龙江省农作物品种审定委员会审定。

【特征特性】 植株生长势强,无杈率较高。中晚熟,第一雌花着生于主蔓第八至第十节,生育期 120 天。老熟瓜橘红色,圆形。单瓜重 10 千克左右,单瓜产籽 300 ~ 400 粒,每百粒重 28 克以上。瓜籽雪白色,籽宽 1.2 厘米左右,籽长 2 厘米左右。抗病性较强。每 667 平方米产瓜籽 75 ~ 85 千克。

【栽培要点】 株行距 0.5 米 × 1.4 米,每 667 平方米保苗1 000 株左右。留第十三至第十五节雌花坐瓜。

【种植地区】 适宜黑龙江省等地种植。

【供种单位】 东北农业大学园艺学院。地址:黑龙江省哈尔滨市香坊区公滨路木材街 59 号。邮编:150030。电话:0451—85390343。

69. 银辉 1 号南瓜

【品种来源】 东北农业大学园艺学院育成的籽用南瓜品种。2001 年通过黑龙江省农作物品种审定委员会审定。

【特征特性】 中早熟,生育期 105 ~ 110 天。植株生长势强,无杈率较高,第一雌花着生于主蔓第六至第八节。老熟瓜灰绿色,扁圆形。单瓜重 3 ~ 4 千克,单瓜产籽 250 ~ 350 粒,百粒重 30 克以上。瓜籽雪白色,籽宽 1.2 ~ 1.3 厘米,籽长 2 厘米左右。抗病毒病。每 667 平方米产瓜籽 65 ~ 75 千克。

【栽培要点】 株行距 0.5 米 × 1.4 米,每 667 平方米保苗1 000 株左右。留第十至第十二节雌花坐瓜。

【种植地区】 适宜黑龙江等地种植。

【供种单位】 同金辉 1 号南瓜。

70. 白籽南瓜

【品种来源】 由内蒙古农业大学育成。

【特征特性】 中早熟。生长势、抗逆性强,植株蔓生,主蔓第六至第七节着生第一雌花。瓜圆形，耐瘠薄，耐干旱。种子白色，长2厘米，宽1.2厘米，千粒重350~400克，单瓜种子300粒左右，每667平方米产种子100~150千克。

【栽培要点】 需密植，每667平方米种植1 600~1 800株，株距27~30厘米，行距150~130厘米。根瓜打掉，具9片叶后开始留种瓜，每株留瓜1~2个，瓜前3~4片叶封顶。

【种植地区】 适宜内蒙古自治区等地种植。

【供种单位】 内蒙古自治区种星种业有限公司。地址：呼和浩特市内蒙古农业大学院内。邮编：010018。电话：0471—4303463。

第八章　西葫芦优良品种

1. 京葫1号西葫芦

【品种来源】 北京市农林科学院蔬菜研究中心育成。

【特征特性】 极早熟,植株矮生,主蔓结瓜,侧枝少。瓜长棒形,浅绿色。极耐白粉病。每667平方米产量6000~7000千克。

【栽培要点】 北京地区早春茬温室栽培于1月中旬播种育苗,2月中下旬定植;春茬大棚栽培于2月中旬育苗,3月下旬定植。

【种植地区】 适宜华北等地保护地栽培。

【供种单位】 北京市京研益农种苗技术中心。地址:北京市2443信箱种苗部。邮编:100089。电话:010—88433419。

2. 京莹西葫芦

【品种来源】 北京市农林科学院蔬菜研究中心育成。

【特征特性】 早熟,植株矮生。瓜条顺直,圆柱形,无瓜肚,浅绿色,微泛嫩黄。不易早衰。每667平方米产量6000~7000千克。

【栽培要点】 同京葫1号西葫芦。

【种植地区】 适宜华北等地保护地栽培。

【供种单位】 同京葫1号西葫芦。

3. 京葫2号西葫芦

【品种来源】 北京市农林科学院蔬菜研究中心育成。

【特征特性】 早熟,植株矮生,长势强。瓜长棒形,深绿色。

抗逆性、抗病性强。每667平方米产量7500千克以上。

【栽培要点】 北京地区春露地栽培于3月中下旬播种育苗,4月中下旬定植。

【种植地区】 适宜华北等地栽培。

【供种单位】 同京葫1号西葫芦。

4. 京葫3号西葫芦

【品种来源】 北京市农林科学院蔬菜研究中心育成。

【特征特性】 特早熟。一般第一雌花着生于主蔓第五至第六节。在低温弱光下连续结瓜能力强。瓜长棒形,浅绿色。每667平方米产量6000~7000千克。

【栽培要点】 同京葫2号西葫芦。

【种植地区】 适宜华北等地栽培。

【供种单位】 同京葫1号西葫芦。

5. 京珠西葫芦

【品种来源】 北京市农林科学院蔬菜研究中心育成。

【特征特性】 早熟。第一雌花着生于第六至第七节。播种后38~40天开始采收。商品瓜单瓜重150~200克。瓜圆球形,亮绿色,光泽度好,商品性佳。每667平方米产量6000千克左右。

【栽培要点】 同京葫2号西葫芦。

【种植地区】 适宜华北等地栽培。

【供种单位】 同京葫1号西葫芦。

6. 翠珍珠西葫芦

【品种来源】 重庆市种子公司育成。

【特征特性】 极早熟。植株生长势强,矮生,直立。果实圆球形,可鲜食。果皮青绿色,带灰绿斑点,光泽度好。花后7天左右可采收。商品瓜重320克左右。每667平方米累计产量3000千克以上。

【栽培要点】 重庆地区于2月上旬播种,2月下旬定植,株行距40厘米×66厘米,每穴栽2株。4月上旬开始收获。

【种植地区】 适宜重庆市及与其生态相似地区种植。

【供种单位】 重庆市种子公司蔬菜分公司。地址:重庆市南坪路二巷12号。邮编:400060。电话:023—62802047。

7. 玉女西葫芦

【品种来源】 甘肃省农科院育成。

【特征特性】 早熟,生长势中等。第一雌花着生于主蔓第五至第七节,连续结果性好。瓜圆柱形,瓜皮淡绿色。开花时瓜长18~20厘米,横径5~7厘米,开花后10天即可采收。一般每667平方米产量6000~8000千克。

【栽培要点】 甘肃省内各地春季露地地膜覆盖栽培于3月下旬至4月中下旬直播;保护地栽培3月上中旬育苗,4月底至5月上中旬定植。株距50厘米,行距70厘米,每667平方米定植1600~1800株。坐瓜期加强肥水,及时采收。注意进行人工授粉。

【种植地区】 适宜甘肃省等地春秋保护地及春露地种植。

【供种单位】 甘肃省农科院科技开发公司。地址:兰州市安宁区刘家堡。邮编:730070。电话:0931—7677007。

8. 阿兰一代西葫芦

【品种来源】 甘肃省农科院育成。

【特征特性】 早熟,生长势中等。瓜长筒形,嫩瓜皮色浅,瓜形整齐,肉质细嫩,商品性好,不易出现畸形瓜。对病毒病有较强的抗性。一般每667平方米产量6000千克。

【栽培要点】 春秋均可栽培。每667平方米定植1 600～1 800株。应施足底肥,坐瓜期加强肥水。及时采收,注意进行人工辅助授粉。

【种植地区】 适宜甘肃省等地栽培。

【供种单位】 同玉女西葫芦。

9. 金公主西葫芦

【品种来源】 广东省农科院蔬菜研究所育成。

【特征特性】 角瓜类型,又名金丝瓜。蔓生,果实椭圆形,皮金黄色,硬而光滑,肉质爽脆。单瓜重约1千克。耐寒,抗病抗湿性较强。

【栽培要点】 广州地区1～2月播种,从播种至始收100～105天。宜搭棚架栽培,每667平方米定植1 200株左右。主蔓结瓜,摘除侧蔓。

【种植地区】 适宜华南等地种植。

【供种单位】 广东省农科院蔬菜研究所。地址:广州市天河区五山路。邮编:510640。电话:020—38469591。

10. 金丰西葫芦

【品种来源】 广东省种子公司育成。

【特征特性】 早熟,植株较紧凑。耐寒,较耐热。瓜条直,浅绿色,嫩瓜商品性好,嫩瓜适收时长20厘米左右,横径4厘米左右(最好掌握在瓜上的花冠刚开始萎缩时采收)。高产栽培每667平方米产鲜嫩瓜5 000千克。

【栽培要点】 广东地区适于春秋冬季种植,高寒山区可夏植,建议每667平方米定植约1 500株。

【种植地区】 适宜华南等地种植。

【供种单位】 广东省种子公司。地址:广州市滨江东路远安新街 87 号。邮编:510230。电话:020—84491025。

11. 彩色西葫芦

【品种来源】 海南省农科院蔬菜研究所育成。

【特征特性】 早熟,丰产。瓜条直,圆柱形,皮色金黄,果柄绿色,果实长达 25 厘米。单瓜重 400 克。每 667 平方米产量 7 000 千克。

【栽培要点】 海南省适于春秋冬季种植。施足底肥,及时追肥。

【种植地区】 适宜海南省等地种植。

【供种单位】 海南省农科院蔬菜研究所。地址:海口市流芳路 9 号(原五公祠后路 9 号)。邮编: 571100。电话: 0898—65366670。

12. 美玉西葫芦

【品种来源】 河北省农科院蔬菜花卉研究所育成。2000 年通过河北省农作物品种审定委员会审定。

【特征特性】 早熟,生长势强,可连续结瓜。嫩瓜绿色,长棒形,瓜长 26 ~ 30 厘米。单瓜重 500 ~ 800 克。瓜腔小,果肉厚,商品性好。耐低温弱光能力强。每 667 平方米产量 5 000 千克以上。

【栽培要点】 河北省中南部温室种植于 9 月育苗,10 月份定植;露地 3 月初育苗,4 月初定植。每 667 平方米定植 2 000 株左右。保护地种植注意进行人工辅助授粉。

【种植地区】 适宜华北等地保护地及早春露地栽培。

【供种单位】 河北省农科院蔬菜花卉研究所。地址:河北省石家庄市和平西路 598 号。邮编:050051。电话:0311—7823030。

13. 金美丽西葫芦

【品种来源】 河北省邢台华丰种子有限公司育成。

【特征特性】 早熟,生长势较强。瓜棒槌形,单瓜重300~500克。果皮鲜黄亮丽,皮薄腔小,质地脆嫩。

【栽培要点】 黄河流域及华北地区日光温室种植,于9月25日至10月10日播种,1~2片真叶时定植,每667平方米定植1700株左右。地膜覆盖,高垄栽培。施足底肥,结瓜期及时追肥。注意进行人工辅助授粉。

【种植地区】 适宜华北等地保护地种植。

【供种单位】 河北省邢台华丰种子有限公司。地址:邢台市豫让桥东市场北一街71号。邮编:054001。电话:0319—3212563。

14. 特早35西葫芦

【品种来源】 河北省邢台华丰种子有限公司育成。

【特征特性】 早熟,矮生,不抽蔓,雌花多,瓜码密。第一雌花着生于第四节左右。瓜长圆筒形,嫩瓜花皮浅绿色,老瓜黄色。每667平方米产量6000千克左右。

【栽培要点】 每667平方米定植2400株左右。施足底肥,结瓜期及时追肥,及时采收嫩瓜。

【种植地区】 适宜华北等地春季小拱棚种植。

【供种单位】 同金美丽西葫芦。

15. 宝石飞碟瓜

【品种来源】 由河北省地方品种中系统选育而成。

【特征特性】 早熟,矮生。瓜飞碟形,直径12~15厘米,单瓜重250~300克。耐旱,抗病及抗逆性强,适应性广,耐贮藏。每667平方米产量6000千克左右。

【栽培要点】 苗龄 20～25 天,株行距 40 厘米 × 120 厘米;及时采收嫩瓜。

【种植地区】 适宜华北等地种植。

【供种单位】 同金美丽西葫芦。

16. 一串铃美洲白南瓜

【品种来源】 湖北省咸宁市蔬菜科技中心育成。

【特征特性】 植株生长势强,矮生,雌花连续着生成一串。果实圆球形,白花皮,光亮,肉质脆嫩,单瓜重 450 克左右。早熟,适温播种 36 天后便可采收商品嫩瓜。耐低温弱光,对土壤适应性强。每 667 平方米产量 4 500 千克左右。

【栽培要点】 施足底肥,结瓜期注意追肥,及时采收。

【种植地区】 适宜湖北、湖南、贵州、四川等省栽培。

【供种单位】 湖北省咸宁市蔬菜科技中心。地址:湖北省咸宁市咸安区西河桥 18 号。邮编:437000。电话:0715—8325210。

17. 一串铃美洲青南瓜

【品种来源】 湖北省咸宁市蔬菜科技中心育成。

【特征特性】 植株生长势中等,矮生,雌花连续着生,坐果率高。果实圆球形,表皮墨绿色,带灰绿斑点,有光泽,单瓜重 300 克左右。早熟,适应性强,耐低温弱光。抗霜霉病和白粉病。单株结瓜可达 10 个,每 667 平方米产量 4 000 千克左右。

【栽培要点】 施足底肥,结瓜期注意追肥,及时采收。

【种植地区】 适宜南方露地和北方温室栽培。现已推广到湖北、湖南、贵州、四川等省。

【供种单位】 同一串铃美洲白南瓜。

18. 灰采尼西葫芦

【品种来源】 由国外引进。

【特征特性】 植株丛生,不爬蔓,节间短,瓜码密。成熟早,从播种到采收56天左右。耐寒性强,适应性广。果实长筒形、灰绿色,品质佳。嫩瓜宜早收以保证连续结果。每667平方米产量4 000～5 000千克。

【栽培要点】 根据当地气候条件及栽培目的确定播种期。每667平方米种植1 300～1 600株。施足底肥,结瓜期注意追肥,及时采收。

【种植地区】 适宜我国各地露地和保护地早熟栽培。

【供种单位】 辽宁省东亚国际种苗有限公司。地址:沈阳市于洪区长江北街33号。邮编:110034。电话:024—86117722。

19. 天使西葫芦

【品种来源】 由法国引进。

【特征特性】 早熟。株型紧凑直立,生长势强。节间短,叶形小。瓜长棒形,瓜皮淡绿色,有光泽。瓜长16～18厘米,横径5～6.5厘米,单瓜重300～350克。外观美,品质佳,商品性好。适应性广,耐寒性及抗病性强。

【栽培要点】 山东地区春露地于3月中旬育苗,4月中下旬定植。

【种植地区】 山东省等地露地及保护地种植。

【供种单位】 山东省种子总公司。地址:济南市花园路123号。邮编:250100。电话:0531—8916242。

20. 晋葫芦2号西葫芦

【品种来源】 原名晶莹1号。山西晋黎来蔬菜种子有限公司育成。

【特征特性】 植株生长势强,开展度110厘米。第六至第七叶着生第一雌花,果实长圆筒形,果皮浅绿色,有光泽,品质佳。早熟品种,前期产量高。耐低温能力较强,抗病性好。

【栽培要点】 太原地区露地种植,4月下旬播种;保护地种植,9月上旬到翌年3月下旬均可播种。每667平方米种植2 000～2 200株。

【种植地区】 适宜山西省温室及早春露地栽培。

【供种单位】 山西晋黎来蔬菜种子有限公司。地址:太原市迎泽大街312号。邮编:030001。电话:0351—4082217。

21. 银凤西葫芦

【品种来源】 山西晋生种子实业有限公司育成。

【特征特性】 早熟,植株矮生,无侧枝。瓜条顺直,浅绿色,有光泽。300克左右的商品瓜长约20厘米,横径5厘米左右。耐贮运,耐热,抗病。连续采收时间长。保护地吊架长季节栽培,每667平方米产量15 000千克左右。

【栽培要点】 每667平方米保护地定植1 900～2 000株,露地定植2 500株。定植前施足底肥,适量施用钾肥和复合肥。保护地起垄栽培,垄高15～20厘米,垄宽115厘米左右,两垄间距25厘米左右,每垄种植2行,覆盖地膜,垄中开暗沟,便于浇水。采收期要供给充足肥水。注意及时采收嫩瓜。疏掉过多雌花。

【种植地区】 适宜山西等省冬春秋季保护地及露地栽培。

【供种单位】 山西晋生种子实业有限公司。地址:山西省太谷县太徐路2号晋生种业大厦。邮编:030800。电话:0354—6250739。

22. 晓青一代西葫芦

【品种来源】 山西晋生种子实业有限公司育成。

【特征特性】 早熟,植株矮生,叶柄短。雌花多,瓜码密。第一雌花着生于第四节左右。瓜长筒形,嫩瓜花皮,浅绿色,老瓜黄色。每667平方米产量6000千克以上。

【栽培要点】 每667平方米定植2400株左右。施足底肥,结瓜期充分供应肥水,及时采收嫩瓜。

【种植地区】 适宜山西省等地春季小拱棚栽培。

【供种单位】 同银凤西葫芦。

23. 墨地龙西葫芦

【品种来源】 山西晋生种子实业有限公司育成。

【特征特性】 早熟,株型直立。节间短,叶小,叶面有灰色斑纹,叶缘缺刻深。瓜直而长,瓜长30厘米左右,横径5厘米左右。单瓜重500～550克。大棚栽培每667平方米产量8000～10000千克。

【栽培要点】 株行距45厘米×50厘米。避免温度过高,否则会出现畸形瓜。

【种植地区】 适宜山西省等地栽培。

【供种单位】 同银凤西葫芦。

24. 晓银西葫芦

【品种来源】 山西晋生种子实业有限公司育成。

【特征特性】 早熟,植株矮生,生长势中等。瓜条顺直,细长圆柱形,皮色浅绿乳白,商品性好。瓜码密,瓜膨大快。耐低温弱光及高温高湿。每667平方米产量10000千克左右。

【栽培要点】 结瓜前控制浇水,采收期保证充足肥水供应。

注意进行人工授粉。

【种植地区】 适宜南北方春秋冬季保护地栽培。

【供种单位】 同银凤西葫芦。

25. 银青一代西葫芦

【品种来源】 山西晋生种子实业有限公司育成。

【特征特性】 极早熟,叶柄短,植株矮生。第一雌花着生于第四至第五节,雌花多,瓜码密。瓜长圆柱形,蒂脐两端对称,瓜色鲜嫩,口味甜。嫩瓜微绿、乳白、花皮。高抗病毒病及霜霉病。一般每667平方米产量6 500千克。

【栽培要点】 每667平方米定植2 300~2 500株。注意及时采收嫩瓜。采收期要供应充足肥水。

【种植地区】 适宜全国各地保护地种植。

【供种单位】 同银凤西葫芦。

26. 颜如玉西葫芦

【品种来源】 山西晋生种子实业有限公司育成。

【特征特性】 早熟。瓜条长圆柱形,嫩瓜乳白、微绿、花皮,瓜面稍带棱,商品性好。抗病性强。

【栽培要点】 每667平方米定植2 500株左右。施足底肥,结瓜期供应充足肥水。及时采收嫩瓜。

【种植地区】 适宜山西省等地温室、大棚及露地栽培。

【供种单位】 同银凤西葫芦。

27. 晋西葫芦1号

【品种来源】 原名长青王1号。由山西省农科院棉花研究所育成。2001年3月通过山西省农作物品种审定委员会审定。

【特征特性】 早熟,生长势强,植株矮生,节间短,雌花多,瓜码密。1株可同时坐瓜3~4个。播种后40天可收获嫩瓜。瓜长棒形,皮绿色,有细密白色斑点,光泽度好,粗细均匀,瓜皮薄,肉厚,籽少,可食部分多,适宜凉拌。瓜长20~25厘米,横径4~5厘米,单瓜重250克左右,商品性好。高抗病毒病和白粉病。一般每667平方米产量6500~7000千克。

【栽培要点】 华北地区大棚春提早栽培,2月上旬育苗,2月下旬至3月上旬定植;秋冬茬日光温室栽培,8月上中旬育苗,9月上旬定植,国庆节后覆膜;冬春茬日光温室栽培,10月中旬育苗,11月下旬定植,日光温室栽培可采用吊蔓措施。定植行距为80~100厘米,株距为45~50厘米。注意轮作倒茬,应采用嫁接栽培。

【种植地区】 适宜华北等地种植。

【供种单位】 山西省农科院棉花研究所。地址:山西省运城市工农西街16号。邮编:044000。电话:0359—2022432。

28.晋葫芦3号西葫芦

【品种来源】 原名强盛特早、翠青。山西农科院种苗公司育成。

【特征特性】 植株生长健壮,吸水肥能力强,叶片上冲,相互遮荫小,光合效率高。营养生长与生殖生长比例协调,极少发生徒长与拽秧。耐低温、弱光,抗逆性强,适应性广。瓜形长筒状,瓜皮嫩绿、微黄,商品性好。

【栽培要点】 日光温室栽培应采用膜下沟灌栽培技术,每667平方米定植2200株。管理上苗期不宜采用高温育苗,以免早期出瓜少,中后期适宜较低温管理,可达到出瓜多化瓜少、产量高的目的。

【种植地区】 适宜山西省温室及早春露地栽培。

【供种单位】 山西省农科院种苗公司。地址:太原市长风街2号。邮编:030006。电话:0351—7075581。

29. 早青一代西葫芦

【品种来源】 山西省农科院蔬菜研究所育成。

【特征特性】 早熟,植株矮生,叶柄短,雌花多,瓜码密。第一雌花着生于第四节左右,播种后42天可采摘重250克以上的嫩瓜。瓜长筒形,嫩瓜花皮、浅绿色,老瓜黄绿色。每667平方米产量6000千克以上。

【栽培要点】 适宜山西等地日光温室和小拱棚薄膜覆盖早熟栽培。每667平方米定植2200株左右。施足底肥,结瓜期要保证肥水供应。及时采收嫩瓜。

【种植地区】 全国各地均可栽培。

【供种单位】 山西省农科院蔬菜研究所。地址:太原市农科北路64号。邮编:030031。电话:0351—7124166。

30. 阿太一代西葫芦

【品种来源】 山西省农科院蔬菜研究所育成。

【特征特性】 早熟,植株矮生,生长势强。第一雌花着生于第五节左右。嫩瓜深绿色,有光泽,表面有稀疏白斑纹,老瓜墨绿色。抗病性较强。每667平方米产量5000千克左右。

【栽培要点】 每667平方米定植1700株。施足底肥,结瓜期注意追肥。及时采收嫩瓜。

【种植地区】 适宜南北方小拱棚栽培。

【供种单位】 同早青一代西葫芦。

31. 寒玉西葫芦

【品种来源】 山西省农科院蔬菜研究所育成。

【特征特性】 早熟,播种后40天可采摘商品瓜。嫩瓜为乳白、微绿色网纹瓜,肉质鲜嫩、清脆,长至18厘米即可采收,为圆筒状瓜。产量高,结瓜早,连续坐瓜性好,第一雌花出现在第六至第七节。每667平方米产量5000千克以上。

【栽培要点】 适宜密植,株行距为50厘米×55～60厘米,每667平方米种植2200株左右。结瓜期不能缺肥水。注意及时采收嫩瓜,提早上市。

【种植地区】 适合于北方各种保护地栽培,低温下结瓜能力强。

【供种单位】 同早青一代西葫芦。

32. 长青1号西葫芦

【品种来源】 山西省农科院蔬菜研究所育成。

【特征特性】 短蔓直立性品种,生长势强,主蔓结瓜,侧枝结瓜很少。第一雌花着生于第五至第六节,雌花多,瓜码密,连续结瓜能力强,丰产性好。商品瓜皮色为淡绿色网纹,呈长筒形,粗细均匀,外表美观,商品性好。适温期播种后35～37天可采摘250克以上的商品瓜。每667平方米产量5000千克以上。

【栽培要点】 施足底肥。开始结瓜后,及时追肥浇水。注意及时采摘嫩瓜,抢早上市。

【种植地区】 适合山西省等地露地及各种保护地栽培。

【供种单位】 同早青一代西葫芦。

33. 改良早青西葫芦

【品种来源】 山西省农业科学院蔬菜研究所育成。

【特征特性】 早熟,播种后40天可采摘重250克以上的嫩瓜。结瓜性能好,雌花多,瓜码密,在同一株上可同时结3～4个瓜,而且均能膨大长成。连续坐果率强。每667平方米产量5500千克以上。植株长势强,抗病。丰产。

【栽培要点】 适宜密植,行距60厘米,株距50厘米。每667

平方米种植 2 200 株。注意及时采摘嫩瓜,抢早上市。

【种植地区】 适宜山西等地保护地栽培,尤其适宜日光温室和小拱棚薄膜覆盖早熟栽培。

【供种单位】 同早青一代西葫芦。

34. 长绿西葫芦

【品种来源】 山西省农科院蔬菜研究所育成。

【特征特性】 早熟一代杂交种,播种后 43 天可采收商品瓜。雌花多,瓜码密,1 株可同时结 3~4 个瓜。每 667 平方米产量6 000 千克以上。瓜皮为亮绿色,表皮光滑,瓜形均匀一致,呈长棒状,肉质鲜脆,营养丰富,风味佳,商品性好。植株属矮秧类型,生长势健旺,抗逆性强,抗病毒病。

【栽培要点】 施足底肥,开始结瓜后,及时追肥浇水。

【种植地区】 适宜山西等地保护地及春露地早熟栽培。

【供种单位】 同早青一代西葫芦。

35. 永圆西葫芦

【品种来源】 山西省农科院蔬菜研究所育成的早熟西葫芦一代杂交种。

【特征特性】 植株矮生,长势强,露地直播 38 天左右开始采收商品瓜。瓜近圆形,瓜面绿色,覆有细网纹,商品性好。每 667 平方米产量 6 000~7 000 千克。

【栽培要点】 施足底肥,开始结瓜后,及时追肥浇水。

【种植地区】 适宜山西省等地保护地及春露地早熟栽培。

【供种单位】 同早青一代西葫芦。

36. 晋早 3 号西葫芦

【品种来源】 山西省太原市农科所育成。

【特征特性】 早熟,植株生长势强。第一雌花着生于第六至第七节,瓜码密,结瓜性能好。瓜条顺直,浅绿色,品质好,以食用嫩瓜为主。单瓜采收以200~250克为宜。

【栽培要点】 太原地区早春大棚栽培于2月上旬在加温温室育苗,3月中旬定植于大棚。行距80厘米,株距50厘米,5月上旬至6月下旬采收,要及时采收200克以上的嫩瓜。注意及时防治病虫害。

【种植地区】 适于在华北、西南、华中等喜食浅绿色西葫芦的地区保护地及早春露地种植。

【供种单位】 山西省太原市农科所。地址:山西省太原市滨河西路北段4号。邮编:030027。电话:0351—6274436。

37. 晶莹2号西葫芦

【品种来源】 山西晋黎来蔬菜种子有限公司育成。

【特征特性】 耐热,耐湿,抗病力强。瓜长筒形,皮白色,带有少量浅绿花斑,晶莹光亮,商品性好。雌花多,连续结瓜性好,一株可同时结3~4个瓜。播种后45天可采收250克嫩瓜,每667平方米产量2000千克以上。

【栽培要点】 施足底肥,每667平方米定植2000~2200株。结瓜时,加强肥水,注意及时采摘嫩瓜,抢早上市。

【种植地区】 全国各地保护地及露地均可栽培。

【供种单位】 山西省天元种业有限公司。地址:太原市国家高新技术开发区创业街39号。邮编:030013。电话:0351—7030099。

38. 晶莹3号西葫芦

【品种来源】 山西晋黎来蔬菜种子有限公司育成。

【特征特性】 耐热,耐湿,抗病力明显,生长势强。瓜条棍棒形,果皮浅绿色,有光泽,商品性好。播种后 50 天可采收 250 克以上嫩瓜。雌花多,连续结瓜性好,1 株同时可结 3~4 个瓜。瓜长 24~28 厘米,横径 4.8~5.6 厘米,单瓜重 490~550 克。每 667 平方米产量 5 000 千克以上。

【栽培要点】 适宜密植,株行距 60 厘米 × 50 厘米,每 667 平方米定植 2 000~2 200 株。施足底肥,结瓜时加强肥水,注意及时采摘嫩瓜。育苗及生育初期如遇异常低温、干燥会出现曲果等畸形果。育苗时夜间温度过高会影响雌花的分化,导致早期收获的延期。

【种植地区】 全国各地保护地及露地均可栽培。

【供种单位】 同晶莹 2 号西葫芦。

39. 攀峰金瓜

【品种来源】 上海市攀峰种苗有限公司育成。

【特征特性】 无蔓,早熟,生长期 70 天左右。可炒食、凉拌,味道清香,略甜,皮薄,丝细,味道鲜美。食用时用刀切开,分两瓣搅拌成丝或放锅内煮 4~6 分钟,用筷子搅瓜心即可成丝。

【栽培要点】 上海地区于 2 月下旬至 4 月初育苗,4~5 月也可直播,栽培时行距 100 厘米,株距 50 厘米,每 667 平方米种植 1 300株左右。多施农家肥、复合肥。注意防治蚜虫。

【种植地区】 适宜上海等地种植。

【供种单位】 上海市攀峰种苗有限公司。地址:上海市青浦区支介路 76 号。邮编:201700。电话:021—59722767。

40. 如意西葫芦

【品种来源】 沈阳市科园种苗有限公司育成。

【特征特性】 主蔓第四节着生第一雌花,以后每节有瓜。播种后 40 天左右即可采收嫩瓜。瓜长圆柱形,嫩瓜浅绿色,有光泽,单瓜重300~350克。产量高,瓜码密集,整齐顺直。肉质细嫩,风味好,品质佳。

【栽培要点】 茎蔓节间短,分枝性弱,适宜密植栽培。每株留4~7个瓜。

【种植地区】 适宜辽宁省等地早春保护地和露地栽培。

【供种单位】 沈阳市科园种苗有限公司。地址:沈阳市和平区十纬路18号农垦机关楼。邮编:110003。电话:024—22874771。

41. 星光2号西葫芦

【品种来源】 从国外引进。

【特征特性】 植株丛生,不爬蔓,节间短,瓜码密。极早熟,播种后43天可采收商品瓜,嫩瓜顶花上市,瓜浅绿色,有光泽,同时坐瓜能力强,产量高,每667平方米产量5500千克左右。抗病性好,耐寒性强。

【栽培要点】 施足底肥,结瓜期加强肥水,及时采收。

【种植地区】 适于辽宁省等地保护地、露地栽培。

【供种单位】 沈阳星光种业有限公司。地址:沈阳市黄河北大街96号。邮编:110034。电话:024—86523907。

42. 星光3号西葫芦

【品种来源】 从国外引进。

【特征特性】 植株丛生,不爬蔓,节间短,瓜码密。瓜筒形,有条斑,播种后42天采收商品瓜。每667平方米产量5500千克左右。

【栽培要点】 施足底肥,结瓜期加强肥水供应。及时采收。

【种植地区】 适于辽宁省等地保护地和露地栽培。

【供种单位】 同星光2号西葫芦。

43. 星光1号西葫芦

【品种来源】 从国外引进。

【特征特性】 植株丛生,不爬蔓,节间短,瓜码密。极早熟,播种40天后可采收商品瓜。产量高,每667平方米产量5000千克以上。抗病性好,耐寒性强。

【栽培要点】 施足底肥,结瓜期加强肥水,及时采收。

【种植地区】 适于辽宁等地保护地、露地栽培。

【供种单位】 同星光2号西葫芦。

44. 春玉1号西葫芦

【品种来源】 西北农林科技大学园艺学院蔬菜花卉研究所育成。2002年通过陕西省农作物品种审定委员会审定。

【特征特性】 中熟,植株矮生,生长势较强。第一雌花着生于第五至第六节。主蔓结瓜,侧枝稀少。瓜长棒形,瓜皮淡绿色。单瓜重250~500克。耐低温、弱光性较强。较抗病毒病和白粉病。每667平方米产量4700千克左右。

【栽培要点】 苗龄10~30天。保护地每667平方米定植1500~1800株,露地定植1700~2000株。保护地越冬栽培需施足底肥,中后期及时追肥。及时采收,注意进行人工辅助授粉。

【种植地区】 适宜全国各地保护地及冷凉季节露地栽培。

【供种单位】 西北农林科技大学园艺学院蔬菜花卉研究所。地址:陕西省杨凌农业高新技术产业示范区渭惠路3号。邮编:712100。电话:029—7081911。

45. 银碟1号西葫芦

【品种来源】 西北农林科技大学园艺学院蔬菜花卉研究所育成。2002年通过陕西省农作物品种审定委员会登记。

【特征特性】 中早熟,植株矮生,生长势较强。第一雌花着生于第八至第九节,主侧蔓均可结瓜,以主蔓结瓜为主。瓜飞碟形,瓜缘为波浪形飞缘,瓜皮嫩白色。瓜直径 15~25 厘米,厚度 8~10 厘米。单瓜重 200~400 克。食用嫩瓜。耐低温、弱光性较强。较抗病毒病和白粉病。每 667 平方米产量 2 000~3 500 千克。

【栽培要点】 苗龄 10~30 天。保护地每 667 平方米定植 1 500~1 800 株,露地定植 1 600~2 000 株。日光温室栽培可进行吊蔓,以主蔓结瓜为主。及时采收,注意进行人工辅助授粉。

【种植地区】 适宜全国各地保护地及冷凉季节露地栽培。

【供种单位】 同春玉 1 号西葫芦。

46. 黑美丽西葫芦

【品种来源】 从国外引进的优良早熟杂种一代。

【特征特性】 植株矮生,喜肥水,以主蔓结瓜为主。瓜长棒形,粗细均匀,瓜皮墨绿色,有光泽,营养丰富,品质好。以食用 150~500 克的嫩瓜为主,可作为特菜供应市场。抗逆性及抗病较好,适应低温、弱光环境,一般每 667 平方米产量 5 000 千克以上。

【栽培要点】 苗龄 25~30 天。保护地每 667 平方米定植 1 500~1 800 株。日光温室栽培可进行吊蔓,以主蔓结瓜为主。施足底肥,注意追肥,及时采收,注意进行人工辅助授粉。

【种植地区】 适宜我国各地冬春各类保护地及春露地早熟栽培,也可在秋季栽培。

【供种单位】 中国农科院蔬菜花卉研究所。地址:北京市海淀区中关村南大街 12 号。邮编:100081。电话:010—68919544。

47. 中葫 2 号西葫芦

【品种来源】 中国农科院蔬菜花卉研究所育成的早熟一代杂种。亦称香蕉西葫芦。

【特征特性】 植株矮生,主蔓结瓜,侧枝稀少。以采收嫩瓜为主,可以生食,在节日期间可做礼品菜供应市场。第一雌花出现在第十节左右,谢花后1周,当瓜长至15厘米以上,单瓜重100~250克时即可采收。由于坐瓜多,应及时采收。该品种抗逆性强,抗病性好。平均每667平方米产量3000千克以上。

【栽培要点】 苗龄25~30天。保护地每667平方米定植1500~1800株。日光温室栽培可进行吊蔓,以主蔓结瓜为主。施足底肥,注意追肥,及时采收,注意进行人工辅助授粉。华北地区秋季播种应于10月下旬以后进行,否则易出现"花瓜"现象。

【种植地区】 适于全国各类保护地冬春季栽培。

【供种单位】 同黑美丽西葫芦。

48. 中葫1号西葫芦

【品种来源】 中国农科院蔬菜花卉研究所育成的早熟一代杂种。

【特征特性】 植株矮生,以主蔓结瓜为主。主要食用嫩瓜,品质好。一般以150~200克为采收标准。抗逆性较强。早熟性好,坐瓜多,节成性强,前期产量高。每667平方米产量5000千克以上。

【栽培要点】 苗龄20~25天。每667平方米种植1500株左右。开花结果期环境最低温度不得低于13℃,否则易出现畸形瓜。

【种植地区】 适于我国各地日光温室和大、中、小棚及露地早熟栽培。

【供种单位】 同黑美丽西葫芦。

49. 白玉碟飞碟瓜

【品种来源】 中国农科院蔬菜花卉研究所育成的早熟一代杂

种。

【特征特性】 植株矮生,第一雌花出现在第七节左右。节成性强,可连续采收。商品瓜一般直径在10厘米左右,但也可在谢花后3~5天采收4厘米左右的小瓜上市。嫩瓜炒食、生食均可。主要做特菜供应市场。保护地长季节栽培,若以采收10厘米左右的嫩瓜为主,每667平方米产量一般为3000千克以上。

【栽培要点】 苗龄20~25天。每667平方米种植1500株左右。

【种植地区】 适宜各类保护地冬春季种植。

【供种单位】 同黑美丽西葫芦。

50. 绿宝石西葫芦

【品种来源】 中国农科院蔬菜花卉研究所育成的一代杂种。2000年通过北京市农作物品种审定委员会审定。

【特征特性】 早熟。生长势较强,矮生类型。主蔓结瓜,侧蔓稀少。第一雌花着生于第六至第七节,平均每1.7节出现1个雌花,节成性高。瓜长棒形,瓜皮深绿色,可采收嫩瓜食用。嫩瓜长15~18厘米,横径4~6厘米,单瓜重200~500克即可上市。从播种至始收55天左右。一般保护地栽培每667平方米产量5000千克左右。

【栽培要点】 北京地区早春露地种植于3月上中旬在温室或阳畦育苗,4月下旬定植并覆盖地膜。行距70~80厘米,株距40~50厘米。保护地栽培可根据其结构类型和保温措施情况,确定不同的播种期。如能保证整个生育期内的温度在12℃以上,则从10月下旬至翌年2月下旬均可安排播种。保护地长季节栽培,应进行吊蔓管理,并注意进行人工辅助授粉。

【种植地区】 适宜华北、东北、西北等地的各类保护地及早春露地种植。现已推广到江苏、安徽、广西、贵州、云南等省、自治区。

【供种单位】 同黑美丽西葫芦。

51. 中葫 3 号西葫芦

【品种来源】 中国农科院蔬菜花卉研究所育成。2001 年通过北京市农作物品种审定委员会审定。

【特征特性】 早熟西葫芦品种,第一雌花着生于第五至第六节,平均 1.5 节出现 1 个雌花,节成性高。植株长势较旺,矮秧类型。主蔓结瓜,侧枝稀少。瓜长棒形,瓜皮白色。可采收嫩瓜食用,单瓜重 250 ~ 500 克。对病毒病及白粉病的抵抗能力强于早青一代。耐低温、弱光性较强。每 667 平方米产量 5 000 千克左右。

【栽培要点】 苗龄 25 ~ 30 天。长季节栽培,畦宽 90 ~ 100 厘米,株距 45 ~ 55 厘米,每 667 平方米栽苗 1 200 ~ 1 600 株。短季节栽培的密度应适当加大。

【种植地区】 适宜全国各地保护地及春露地种植。

【供种单位】 同黑美丽西葫芦。

52. 绿元宝扇贝西葫芦

【品种来源】 从国外引进。

【特征特性】 植株生长势中等,开放型,果色浅绿均一,扇贝形,果蒂小,适合庭院种植。早熟,出苗后 52 天即可收获,宜鲜食。果实适宜采收横径为 6 ~ 8 厘米。

【栽培要点】 施足底肥,结瓜期加强肥水管理。根据市场情况及时采收。

【种植地区】 适宜全国各地保护地及露地栽培。

【供种单位】 中国种子集团公司。地址:北京市朝阳区安贞西里四区甲 1 号。邮编:100029。电话:010—64201817。

53. 如玉西葫芦

【品种来源】 中国种子集团公司育成。

【特征特性】 植株矮生型，株型矮小，节间短，适宜密植。早熟种，长势强，结瓜性能好，可同时结瓜 2～3 个。瓜条长筒形，嫩瓜皮色浅白偏绿，光泽度好。品质佳，口感细嫩略甜。抗病毒病及白粉病。连续坐瓜能力强，丰产性好，每 667 平方米产量 6 000 千克以上。

【栽培要点】 株行距 40～50 厘米 × 70 厘米，每 667 平方米保苗 2 200 株左右。喜水肥，定植前要施足基肥，采瓜期间要加强肥水管理，保持田间湿润，以利于连续坐瓜。

种植地区、供种单位同绿元宝扇贝西葫芦。

54. 翠玉西葫芦

【品种来源】 中国种子集团公司育成。

【特征特性】 植株矮生，株型矮小，节间短，适宜密植。早熟种，长势强，结瓜性能好，可同时结瓜 2～3 个。前期结瓜性好且集中，瓜条生长速度快，产量高。嫩瓜皮色浅白偏绿，瓜皮表面滑润、有光泽，品质佳，口感脆嫩。抗病毒病及白粉病。平均每 667 平方米产量 6 000 千克。

栽培要点、种植地区、供种单位同绿元宝扇贝西葫芦。

55. 金浪西葫芦

【品种来源】 从国外引进。

【特征特性】 植株生长势强，丰产。果色金黄，外形美观。果实长棒形，果皮平滑，有蜡质，果肉白嫩。植株较开放，有利于采摘。出苗后 49 天即可采收上市，果实适宜采收长度 18～20 厘米。

【栽培要点】 施足基肥，采瓜期间要加强肥水管理，及时采收。

种植地区、供种单位同绿元宝扇贝西葫芦。

56. 碧玉西葫芦

【品种来源】 从国外引进。

【特征特性】 植株生长势强。瓜棒槌形,乳白色,外形美观。嫩瓜长18~20厘米,重达200~300克时即可采收。每株一般能采5~8个瓜。每667平方米产鲜瓜3 000~5 000千克。适口性好。抗白粉病及霜霉病。

栽培要点、种植地区、供种单位同绿元宝扇贝西葫芦。

第九章　丝瓜优良品种

1. 德丝1号丝瓜

【品种来源】 湖南省常德市蔬菜科学研究所育成。

【特征特性】 早熟,生长势强。第一雌花着生于主蔓第五至第七节,1节1瓜。瓜条圆筒形,浅绿色,被蜡粉。肉质柔软多汁,煮食甘甜可口。耐热,喜肥,抗病。每667平方米产量5 000～5 500千克。

【栽培要点】 湖南地区一般于3月上旬在塑料大棚用营养钵育苗。株行距40厘米×70厘米,单蔓整枝,每667平方米定植1 000株左右,用种量100～150克。及时摘除多余侧蔓、卷须和雄花。

【种植地区】 适宜湖南省等地种植。

【供种单位】 湖南省常德市蔬菜科学研究所。地址:常德市青年东路新安路口。邮编:415000。电话:0736—7770997。

2. 蜀园3号肉丝瓜

【品种来源】 四川省成都市东洋种业有限公司育成。

【特征特性】 早熟,从播种至采收70天左右,采收期长达150天左右。第一雌花着生于主蔓第五至第七节,瓜条粗圆筒形,长30～40厘米,横径8～12厘米,单瓜重700克左右。果皮绿色,果面较粗糙,柔软多汁,味甘甜。适应性广,抗病性强。每667平方米产量6 000～8 000千克。

【栽培要点】 四川盆地2月底至3月初播种,行距70～80厘米,株距50～60厘米,每穴1株。搭人字架或平棚架,加强肥水管理。每667平方米用种量约250克。

【种植地区】 适宜四川省等地栽培。

【供种单位】 四川省成都市东洋种业有限公司。地址:成都市赛云台东一路2号(市场内)。邮编:610081。电话:028—3111208。

3. 春帅杂交丝瓜

【品种来源】 重庆市农业科学研究所育成。

【特征特性】 极早熟。第一雌花着生于主蔓第七节左右,以后基本节节有瓜。瓜条圆筒形,表皮绿色,有浅横皱纹和白色茸毛。瓜长25~30厘米,横径5~6厘米,单瓜重300克左右。每667平方米产量5000千克左右。

【栽培要点】 重庆市1月下旬至2月下旬温床育苗,或2月下旬至3月上旬冷床育苗,3月上旬至4月初定植。每667平方米定植2000株左右。主蔓结瓜,摘除侧蔓。

【种植地区】 适宜重庆市等地种植。

【供种单位】 重庆市农业科学研究所。地址:重庆市南萍东路5号。邮编:400060。电话:023—62554810。

4. 绿如意肉丝瓜

【品种来源】 重庆市种子公司育成。

【特征特性】 早熟,生长势强。第一雌花着生于第六至第七节,以后基本节节有瓜。商品瓜中长圆筒形,长25~32厘米,横径4.5~6.5厘米,单瓜重400克左右。表皮绿色,起皱,有白色茸毛。每667平方米产量5000千克左右。

【栽培要点】 重庆地区温床育苗于1月下旬至2月中旬播种,3月上中旬2叶1心时定植。冷床育苗于2月下旬至3月上旬播种。每667平方米定植2000株左右。主蔓结瓜,摘除侧蔓。有

3~4个瓜时摘心,留顶端侧蔓代替主蔓继续生长。

【种植地区】 适宜长江流域春季栽培。

【供种单位】 重庆市种子公司蔬菜分公司。地址:重庆市南坪路二巷12号。邮编:400060。电话:023—62802047。

5. 长度白瓜

【品种来源】 广东省良种引进服务公司选育。

【特征特性】 早熟,从播种到始收45天,主蔓有4~5片叶时摘顶,靠侧蔓结瓜。瓜长30厘米,单瓜重300克。

【栽培要点】 广州地区播种期3~8月,夏播注意防止徒长,苗期要控制肥水,不可生长太旺。春播时低温,要施足基肥,加强肥水管理,以促进植株生长。

【种植地区】 适宜华南地区种植。

【供种单位】 广东省良种引进服务公司。地址:珠海市拱北粤海东路发展大厦7楼。邮编:519020。电话:0756—8884073。

6. 青筋白瓜

【品种来源】 广东省良种引进服务公司选育。

【特征特性】 早熟优质,从播种到始收30~40天,延续收获25~35天。瓜长30厘米左右,单瓜重300克。抗逆性强,肉质爽脆。

【栽培要点】 广州地区播种期3~8月,采收期5~10月。主蔓4~5片叶摘顶,靠侧蔓结瓜。

【种植地区】 适宜华南地区种植。

【供种单位】 同长度白瓜。

7. 绿阳丝瓜

【品种来源】 广东省良种引进服务公司育成。

【特征特性】 植株蔓生,生长势强。主蔓第一雌花节位第十三至第十八节,瓜长60～70厘米,横径4.5厘米,棒形,青绿色。春播从播种至初收50～55天,秋播从播种至初收35～40天,每667平方米产量2500千克。

【栽培要点】 广州地区适播期,春播为3～4月,秋播为7～8月,夏播注意防止徒长,苗期要控制肥水,不可生长太旺。春播低温要施足基肥,加强肥水管理,促进植株生长。其他地区可通过栽培试验确定播种期。

【种植地区】 适宜华南地区种植。

【供种单位】 同长度白瓜。

8. 美绿1号丝瓜

【品种来源】 广东省农科集团(院)良种苗木中心育成。

【特征特性】 早熟,从播种至始收35～55天。抗病能力强,长势旺。瓜长棒形,瓜长60～65厘米,横径5厘米左右,单瓜重350～600克。头尾均匀,皮色深绿,棱色墨绿,口感清爽,品质好。每667平方米产量3000～4000千克。

【栽培要点】 春植采用育苗移栽,适播期为1～3月,要施足底肥。秋植以直播为主,适播期为7～8月,不施或少施底肥,单行或双行定植,株距25～45厘米,每667平方米定植2200株左右。施肥以有机肥为主,初花期施用复合肥。

【种植地区】 适宜华南地区种植。

【供种单位】 广东省农科集团(院)良种苗木中心。地址:广州市五山路。邮编:510640。电话:020—87596558。

9. 美绿2号丝瓜

【品种来源】 广东省农科集团(院)良种苗木中心育成。

【特征特性】 早熟,长势旺。从播种至采收35～40天。耐热,耐湿,较抗霜霉病和疫病。瓜长棒形,头尾均匀,单瓜重500克左右,瓜长60~70厘米,横纹粗,沟浅,皮色青绿,棱色墨绿,肉质脆嫩,味清爽口。每667平方米产量4000千克左右。

【栽培要点】 华南地区1~9月均可播种。植株生长旺盛,容易徒长,一旦发现徒长,应在蔓长50厘米左右时压蔓1次,必要时当蔓长70~80厘米时再压蔓1次。在主蔓结瓜以前把基部侧蔓摘除。施足底肥,及时追肥。

【种植地区】 适宜华南地区春夏秋季栽培。

【供种单位】 同美绿1号丝瓜。

10. 墨旺丝瓜

【品种来源】 广东省农科院蔬菜研究所育成。

【特征特性】 瓜长50~60厘米,肉厚,瓜条直,头尾均匀,单瓜重500克左右。皮色深绿,棱色墨绿,品质好,耐寒性强,抗病性好。春植从播种至始收65~85天,秋植45天。每667平方米产量约3500千克。

【栽培要点】 广州地区春季栽培1~3月播种,秋季栽培7~8月播种,海南地区可冬植。施足基肥,开花结果期重追肥,采收期勤施肥。忌与瓜类连作。

【种植地区】 适宜华南等地种植。

【供种单位】 广东省农科院蔬菜研究所。地址:广州市天河区五山路。邮编:510640。电话:020—38469591。

11. 粤优大肉丝瓜

【品种来源】 广东省农业科学院蔬菜研究所育成。

【特征特性】 早熟。瓜棍棒形,长约40厘米,横径5厘米左右,单瓜重400克左右。皮色淡绿,肉质结实,味香甜,品质好。耐热、耐湿性强,耐霜霉病。每667平方米产量3000千克左右。

栽培要点、种植地区、供种单位同墨旺丝瓜。

12. 雅绿1号丝瓜

【品种来源】 广东省农科院蔬菜研究所育成的一代杂种。1999年通过广东省农作物品种审定委员会审定。

【特征特性】 早熟。以主蔓结瓜为主。广州地区种植，主蔓第一雌花着生节位：3～4月播种的为第六至第十节，5～7月播种的为第二十至第二十二节。对短日照要求不严格，夏季播种也能较早开花结果。坐果率高，连续结果能力强，每株结果4～6条。瓜长棒形，长55厘米左右，横径5厘米左右，肉厚0.5～0.8厘米，单瓜重400克。瓜皮绿色，棱墨绿色，棱沟浅，瓜条匀称，外观好，味清甜。一般每667平方米产量2000～2500千克。

【栽培要点】 华南地区宜在3～8月播种。3月份前，以育苗移栽为主，施足基肥；4～8月以直播为好，少施或不施基肥。结果前轻施少施肥，结果后均要重施肥。基肥和追肥均应以有机肥为主。开花后约2周，瓜条饱满、果皮具光泽时便可采收。

【种植地区】 适宜华南地区春夏秋季种植。

【供种单位】 同墨旺丝瓜。

13. 雅绿2号丝瓜

【品种来源】 广东省农科院蔬菜研究所育成的一代杂种。2002年通过广东省农作物品种审定委员会审定。

【特征特性】 生长势强，早熟，第一雌花及着果节位较低，分别为7.5节和9节，雌性强，坐果率高，产量集中；瓜长棒形，匀称，皮色绿，无花点，瓜长54厘米左右，横径4.8厘米左右，肉厚0.5～1厘米，单瓜重360克，口感面甜。一般每667平方米产量2000～2500千克。

【栽培要点】 广州附近地区春种适宜播种期2～4月，宜采用育苗移植或催芽直播，早播一定要注意防寒；秋种宜7月至8月上旬播种，采用催芽直播。该品种早春栽培一般开花坐果过早过多，应尽早摘除低节位雌花，以保证植株生长壮旺。如用该品种夏植，应采取措施抑制植株徒长。开花后约10天，瓜条饱满、瓜皮具光泽时便可采收。

【种植地区】 适宜广东省春秋季种植。

【供种单位】 同墨旺丝瓜。

14. 夏优丝瓜

【品种来源】 广东省农科院蔬菜研究所育成。

【特征特性】 单瓜重500克，瓜长60厘米，横径5厘米，皮深绿色，棱墨绿色。早熟，从播种至初收35～45天，耐热耐湿性强。每667平方米产量3000千克。

【栽培要点】 同雅绿1号丝瓜。

种植地区、供种单位同墨旺丝瓜。

15. 丰抗丝瓜

【品种来源】 广东省农科院蔬菜研究所育成。

【特征特性】 单瓜重500克，瓜长60厘米，横径5厘米，皮深绿色，棱墨绿色。结瓜多，抗病力强，耐寒性好。产量高，品质好。早熟，春植从播种至初收48天，夏秋植38天。每667平方米产量3500千克。

【栽培要点】 广州地区播种期为1～4月和7～8月。施足基肥，开花结果期重追肥。忌与瓜类连作。

【种植地区】 适合华南、西南等地区种植。

【供种单位】 同墨旺丝瓜。

16. 粤农双青丝瓜

【品种来源】 广东省农科院蔬菜研究所育成。

【特征特性】 瓜长约60厘米,横径4厘米,肉厚,头尾匀称。单瓜重400克。皮深绿色,棱墨绿色,品质好。春植从播种至初收65~85天,秋植45天。每667平方米产量约4000千克。

【栽培要点】 广州地区适播期为1~3月和7~8月。施足基肥,开花结果期重追肥。忌与瓜类连作。

【种植地区】 适宜广东省春秋季种植。

【供种单位】 同墨旺丝瓜。

17. 新夏棠丝瓜

【品种来源】 广东省农科院蔬菜研究所育成。

【特征特性】 生长势旺盛,耐热、抗病力强。以主蔓结瓜为主,结瓜性能好,瓜长55厘米,横径5厘米,单瓜重350克。瓜条头尾匀称,皮深绿色,棱墨绿色,品质好。早熟、丰产,从播种至初收35~45天。每667平方米产量约3000千克。

【栽培要点】 适宜播种期3~8月,春秋植应施足基肥,培育壮苗,夏秋植前期应控制肥水,开花结果期加强肥水管理,注意防治霜霉病。

【种植地区】 适宜广东省春秋季种植。

【供种单位】 同墨旺丝瓜。

18. 天河夏丝瓜

【品种来源】 广东省农科院蔬菜研究所育成。

【特征特性】 单瓜重400克,瓜长55~60厘米,横径4厘米,肉厚,头尾匀称,皮深绿色,棱墨绿色。雌花多,结瓜性能好。春植从播种至初收50天、夏秋植35~40天。每667平方米产量约

4000千克。

【栽培要点】 同雅绿1号丝瓜。

【种植地区】 适宜广东省春秋季种植。

【供种单位】 同墨旺丝瓜。

19. 碧绿丝瓜

【品种来源】 广州市农业科学研究所育成。

【特征特性】 生长势强,分枝性中等。以主蔓结瓜为主,瓜长60~80厘米,横径5~5.5厘米,单瓜重400~600克。商品瓜外形美观,头尾粗大匀称,肉厚质软,味甜,棱沟浅,具10棱。中熟。第一雌花春种着生于第十二节,秋种着生于第十八节。从播种至始收65天,延续采收35~45天。一般每667平方米产量2000~2500千克。

【栽培要点】 广州地区春种适播期为1~3月、秋种为7月下旬至8月。做高畦深沟,畦以南北向为宜,畦宽1.7米(包括沟宽),单行双株或双行单株种植,株距80厘米。种植前施足基肥。春种采用育苗移栽,秋种宜干籽点播。

【种植地区】 适宜广东省等地春秋露地种植。

【供种单位】 广州市农科所。地址:广州市新港东路101号。邮编:510308。电话:020—84219486。

20. 绿丰1号丝瓜

【品种来源】 广州市志荣种苗有限公司育成。

【特征特性】 早熟,生长势强。瓜长60~65厘米,单瓜重500克左右。横纹粗,沟浅,头尾均匀,皮青绿色,棱墨绿色。耐热,抗病能力强。每667平方米产量4000千克。

【栽培要点】 同雅绿1号丝瓜。

【种植地区】 适宜华南等地春秋种植。

【供种单位】 广州市志荣种苗有限公司。地址:广州市天河五山路农科院种子市场 A8 号。邮编:510640。电话:020—87512199。

21. 绿丰 2 号丝瓜

【品种来源】 广州市志荣种苗有限公司育成。

【特征特性】 早熟,生长势强。瓜长 60~65 厘米,单瓜重 500 克左右。头尾均匀,皮青绿色,棱墨绿色。耐热,抗病能力强。每 667 平方米产量 4 000 千克。

栽培要点、种植地区、供种单位同绿丰 1 号丝瓜。

22. 碧绿 1 号丝瓜

【品种来源】 海南省农科院蔬菜研究所育成。

【特征特性】 植株蔓生,生长势旺,分枝力强。第一雌花着生于主蔓第七至第十节。瓜长棒形,长 60~80 厘米,横径 5~6 厘米,单瓜重约 500 克。嫩瓜皮深绿色,棱边墨绿色,瓜肉白色、柔软、味甜,商品性好,品质佳。中早熟。适应性强,耐寒,抗病性较好。每 667 平方米产量 2 000~2 500 千克。

【栽培要点】 根据当地气候条件及栽培目的确定播种期。施足底肥,结瓜期加强肥水管理。及时采收。

【种植地区】 适宜在海南省和两广南部地区推广种植。

【供种单位】 海南省农科院蔬菜研究所。地址:海口市流芳路 9 号(原五公祠后路 9 号)。邮编:571100。电话:0898—65366670。

23. 豫园香丝瓜

【品种来源】 河南省农科院园艺研究所育成。

【特征特性】 中熟,蔓生。第一雌花一般着生于第七至第九节。瓜长棒形,瓜长 30～40 厘米,横径 5～8 厘米。有独特香味。耐热、耐弱光,抗病性强。每 667 平方米产量 5 500 千克以上。

【栽培要点】 河南省春露地提早栽培,一般于 3 月上旬在保护地育苗,4 月上旬定植,地面覆盖地膜,地上搭小拱棚,定植株行距 0.6 米×3.5～4 米,每 667 平方米定植 400～450 株。4 月下旬撤去小拱棚,5 月上旬搭架。及时摘除过多侧枝及无效侧蔓。花期注意进行人工辅助授粉。

【种植地区】 适宜河南省等地种植。

【供种单位】 河南省农科院园艺研究所。地址:郑州市农业路 1 号。邮编:450002。电话:0371—5713880 或 5646646。

24. 驻丝瓜 1 号

【品种来源】 河南省驻马店市农科所育成的一代杂种。

【特征特性】 植株生长势强,第一雌花节位约在第十节,以主蔓结瓜为主,主侧蔓均可结瓜。瓜长棒形,单瓜重 390 克左右,瓜长 50 厘米左右,横径 4 厘米左右,瓜条匀称,瓜皮青绿色、有墨绿条纹,味甜,不易折断,畸形瓜少。从播种至始收 55～60 天,全生育期 160 天左右。

【栽培要点】 华北地区早春露地栽培一般于 3 月下旬至 5 月上旬播种,采用深沟高畦栽培,畦宽 1.7 米,单行种植,株距 80 厘米左右。苗期注意控制氮肥,防止营养生长过旺而推迟花期。

【种植地区】 适宜河南省早春露地栽培。已推广到安徽、湖北等省。

【供种单位】 河南省驻马店市农科所。地址:驻马店市富强路 142 号。邮编:463000。电话:0396—2963713。

25. 早冠丝瓜 401

【品种来源】 湖南省衡阳市蔬菜研究所育成。

【特征特性】 早熟,蔓生,生长势和分枝性中等。第一雌花着生于主蔓第四至第七节。嫩瓜长棒形,深绿色,瓜蒂大,外皮挂白霜,耐老熟,肉瘤明显,肉厚味鲜,口感微甜,品质好,风味好。瓜长20~35厘米,横径6~6.5厘米,单瓜重700~900克。每667平方米产量4000~4500千克。

【栽培要点】 长江流域春季栽培于2月底至4月中旬播种。

【种植地区】 适宜湖南省等地种植。

【供种单位】 湖南省衡阳市蔬菜研究所。地址:衡阳市燕水桥北500米。邮编:421001。电话:0734—8587932。

26. 早冠丝瓜406

【品种来源】 湖南省衡阳市蔬菜研究所育成。

【特征特性】 早熟,蔓生,生长势和分枝性中等。第一雌花着生于主蔓第四至第七节。嫩瓜长棒形,深绿色,瓜蒂大,外皮挂白霜,耐老熟,肉瘤明显,肉厚味鲜,口感微甜,品质好,风味好。瓜长25~40厘米,横径5.1~5.6厘米,单瓜重800~1000克。每667平方米产量4500~5000千克。

栽培要点、种植地区、供种单位同早冠丝瓜401。

27. 育园1号丝瓜

【品种来源】 隆平农业高科技股份有限公司育成。

【特征特性】 早熟。植株生长旺盛,蔓生,分枝性较强。主蔓第四至第六节着生第一雌花。果实短圆筒形,绿色,肉质松软、微甜。耐低温、弱光能力强,早熟性突出,抗病性强。

【栽培要点】 早春保护地早熟栽培,长江流域1月下旬至3月上旬均可播种,温室或温床育苗,3月初至下旬定植,每667平方米定植2000~2200株。春季露地栽培3月下旬冷床育苗,4月中旬定植,每667平方米定植1000~1200株。

【种植地区】 适合于长江流域做早春保护地早熟栽培及海南省冬季做南菜北运栽培。

【供种单位】 隆平农业高科技股份有限公司湘园瓜果种苗分公司。地址:湖南省长沙市芙蓉区马坡岭。邮编:410125。电话:0731—4692464。

28. 早熟白丝瓜

【品种来源】 隆平农业高科技股份有限公司育成。

【特征特性】 早熟。主蔓第一雌花着生在第五至第八节。果实短圆筒形,果皮乳白色,被少量蜡粉,具纵向浅绿色条纹,果肉软甜可口。耐热,喜肥,喜湿,忌旱。全生育期 180 天。

【栽培要点】 保护地育苗,每 667 平方米用种量 150 ~ 200 克。参考株行距 0.6 米 × 1.8 ~ 2 米。重基肥,勤追肥,搭平棚架。瓜蔓上棚以后,应均匀摆布藤蔓,不使相互缠绕,并勤除侧枝、卷须和雄花。

【种植地区】 适宜湖南等地种植。

【供种单位】 同育园 1 号丝瓜。

29. 早熟肉丝瓜

【品种来源】 隆平农业高科技股份有限公司育成。

【特征特性】 极早熟,果实生长发育快,前期产量高。主蔓第一雌花着生在第四至第七节。果实短圆筒形,长 30 ~ 35 厘米,单瓜重 500 ~ 800 克。果皮绿色,果面粗糙。果肉软甜可口,有清香味。耐寒,较耐热,喜肥,喜湿,忌旱。全生育期 180 天。每 667 平方米产量 4 500 千克。

【栽培要点】 同早熟白丝瓜。

种植地区、供种单位同育园 1 号丝瓜。

30. 早杂1号肉丝瓜

【品种来源】 湖北省咸宁市蔬菜科技中心育成的一代杂种。

【特征特性】 植株蔓生,第一雌花着生于主蔓第六至第七节,以主蔓结瓜为主。果实圆柱形,长30厘米左右,横径8厘米左右。果皮绿色,果面密生纵向深绿色线状突起和横向细小皱纹,皮薄,被白霜。果肉绿白色,单瓜重450克。早熟,从播种至始收约60天,从授粉到商品瓜成熟约10天,生育期120天,生长期220天。肉质嫩,纤维少,不易老化,品质优,商品性好。较抗寒,耐热,耐湿,耐肥。抗霜霉病,较耐病毒病和疫病。每667平方米产量3 800千克左右。

【栽培要点】 武汉地区保护地栽培一般在1~2月播种,露地栽培在3月播种。株距25~30厘米,保护地栽培,畦宽1.5米,栽2行;露地栽培,畦宽2米,栽2行。每667平方米栽苗2 000株左右。及时摘除下部侧蔓。

【种植地区】 适宜湖北、湖南、四川等省种植,现已推广到甘肃、新疆、西藏等省、自治区。

【供种单位】 湖北省咸宁市蔬菜科技中心。地址:湖北省咸宁市咸安区西河桥18号。邮编:437000。电话:0715—8325210。

31. 早杂2号肉丝瓜

【品种来源】 湖北省咸宁市蔬菜科技中心育成。

【特征特性】 植株蔓生,分枝性较弱。第一雌花着生于主蔓第七节,以主蔓结瓜为主。果实长圆柱形,表面密被细小皱纹,极早熟,低温下果实生长速度快,瓜长40厘米左右,横径6厘米左右,单瓜重400克左右。皮绿色,瓜条直,前期产量高,每667平方米产量5 500千克左右。

【栽培要点】 同早杂1号肉丝瓜。

【种植地区】 适宜北方保护地和南方露地早熟栽培。

【供种单位】 同早杂1号肉丝瓜。

32. 早杂3号白皮肉丝瓜

【品种来源】 湖北省咸宁市蔬菜科技中心育成。

【特征特性】 植株蔓生,分枝性弱。第一雌花着生于主蔓第六节。主蔓结瓜,叶掌状。果实长圆柱形,长30厘米左右,横径6厘米左右,皮白色,果面有皱纹,皮薄肉嫩,单瓜重350克左右。极早熟,耐低温,喜大肥大水,前期产量高,抗逆性强,耐霜霉病和病毒病,从播种至始收55~60天,每667平方米产量4 500千克左右。

【栽培要点】 同早杂1号肉丝瓜。

【种植地区】 适宜湖北、湖南、浙江、江苏等省喜食白皮丝瓜的地区做保护地或露地栽培。

【供种单位】 同早杂1号肉丝瓜。

33. 华绿丝瓜

【品种来源】 华南农业大学育成。

【特征特性】 早熟。瓜长60~65厘米,横径5~5.5厘米,头尾均匀,单瓜重400~500克。皮色嫩绿有光泽,瓜棱墨绿色。肉质细嫩白色,品质好。耐湿耐热性好,抗病性强。每667平方米产量3 000~3 500千克。

【栽培要点】 广州地区春季2月中旬至4月播种,秋季7~8月播种,湛江市、海南省可以冬季种植。施足底肥,及时追肥。

【种植地区】 适宜我国南方各省种植。

【供种单位】 华南农业大学种子种苗研究开发中心。地址:广东省广州市天河华南农业大学五山科贸街D座103。邮编:510642。电话:020—85287478。

34. 安源肉丝瓜

【品种来源】 江西省安源地区地方品种。

【特征特性】 早熟。第一雌花着生于第五至第八节。果实短棒形,长35厘米左右,横径约7厘米,果皮白色,皮薄,肉质细嫩,纤维少,味香甜,品质好。单瓜重0.5千克左右。耐热,耐肥。一般每667平方米产量4000千克。

【栽培要点】 适宜沙质壤土平棚栽培。施足底肥,适时播种育苗。4月中旬前定植,参考株行距1米×1.3米,每穴2株。及时搭架上棚,采果期注意追肥,并摘除部分雄花及老叶。

【种植地区】 适宜江西省等地种植。

【供种单位】 江西省萍乡市蔬菜研究所。地址:江西省萍乡市北桥公园路176号。邮编:337055。电话:0799—6893008。

35. 三喜丝瓜

【品种来源】 厦门市农友种苗(中国)有限公司育成。

【特征特性】 早熟,茎蔓较细,在长日照期间播种仍可结果,常连续数节结果。瓜长30~40厘米,横径4.4~5厘米,单瓜重250~350克。皮色青绿,肉色白绿,不变黑,品质细嫩。

【栽培要点】 在华南南部周年可以播种栽培。由于结果较多,故应施足基肥,开花结果期及时追肥。

【种植地区】 适宜华南等地种植。

【供种单位】 农友种苗(中国)有限公司。地址:福建省厦门市枋湖东路705号。邮编:361009。电话:0592—5786386。

36. 平安丝瓜

【品种来源】 厦门市农友种苗(中国)有限公司育成。

【特征特性】 短日照结果性品种。早熟,丰产。耐湿性、耐热性、低温生长性均较强,结果能力也强。皮绿色,有 10 条棱角。瓜长约 35 厘米,横径 4.5~5 厘米,单瓜重 250~350 克。本品种抗黄瓜花叶病毒病及小西葫芦黄化花叶病毒病。

【栽培要点】 在华南只适于 8 月至翌年 2 月上旬短日照时期播种,不适于 3~7 月播种,否则雌花不易发生。

【种植地区】 适宜华南等地种植。

【供种单位】 同三喜丝瓜。

37. 农友特长丝瓜

【品种来源】 厦门市农友种苗(中国)有限公司育成。

【特征特性】 早熟,播种后 50 天开始采收供食。瓜长 70~80 厘米,横径 3.5 厘米左右,单瓜重 400~500 克。对日照长短不敏感,雌花发生早,雌花连续发生能结果,节成性强。

【栽培要点】 必须采用棚架栽培。江浙地区春露地于 3 月上旬至 4 月中旬播种。

【种植地区】 适宜江浙一带栽培,也适合发展观赏农业之用。

【供种单位】 同三喜丝瓜。

38. 香丝瓜

【品种来源】 上海攀峰种苗有限公司育成。

【特征特性】 早熟品种。分枝性极强,叶色绿,雌花单生,以主蔓结瓜为主。果实小圆筒形,横径 3.5 厘米,长 25~30 厘米,果皮粗糙,有纵向绿色条纹。喜温耐热,最佳适宜温度为 25℃~30℃,30℃以上也能正常生长。每 667 平方米产量 3 000 千克左右。

【栽培要点】 需肥、水量大,特别是盛果时期,要加大施肥和供水量。上海地区保护地育苗于 3 月上旬播种,露地直播于 4 月中旬播种,每 667 平方米用种量 200 克。行株距 80 厘米 × 50 厘米。

【种植地区】 适宜上海市等地种植。

【供种单位】 上海攀峰种苗有限公司。地址:上海市青浦区支介路76号。邮编:201700。电话:021—59722767。

39. 翡翠2号丝瓜

【品种来源】 武汉市汉龙种苗有限责任公司育成。

【特征特性】 特早熟,前期产量高。果长45厘米左右,横径4厘米左右,单瓜重300克左右。每667平方米产量4 500千克左右。

【栽培要点】 武汉地区春保护地早熟栽培一般在1~2月播种。施足基肥,多施追肥。及时整蔓上架。

【种植地区】 适宜湖北省等地温室、大棚保护地密植栽培。

【供种单位】 武汉市汉龙种苗有限责任公司。地址:武汉市武昌张家湾武汉市农科院。邮编:430065。电话:027—88112334。

第十章　瓠瓜优良品种

1. 德瓠1号瓠瓜

【品种来源】 常德市蔬菜科学研究所育成。

【特征特性】 早熟。第一雌花着生于主蔓第五至第六节，之后节节有瓜。开花后10～13天即可采收。瓜扁圆球形，嫩绿色，单瓜重500克左右。纤维少，柔软多汁，味清爽，品质好。

【栽培要点】 湖南地区一般于2～8月安排播种，大棚栽培可提前或延后。畦宽(包括沟宽)1.8米，种植2行，株距40～50厘米，每667平方米定植1600株左右，用种量150～200克。

【种植地区】 适宜湖南省等地早春保护地及春秋露地种植。

【供种单位】 湖南省常德市蔬菜科学研究所。地址：常德市青年东路新安路口。邮编：415000。电话：0736—7770997。

2. 美丰1号蒲瓜

【品种来源】 广东省农科院蔬菜研究所育成。

【特征特性】 早中熟。广州地区春季种植，从播种至初收55天，秋季种植42天左右。果实短圆筒形，皮绿色，具绿白斑点，瓜形匀称，瓜长25厘米左右，单瓜重约500克，品质好，肉质嫩滑，肉白色。以子蔓或孙蔓结瓜为主，抗病、抗逆性强，高抗白粉病及病毒病。每667平方米产量4000千克。

【栽培要点】 根据当地气候条件及栽培目的确定播种期。春季种植应进行育苗，秋季种植直播即可。施足底肥，结瓜期加强肥水。及时采收。

【种植地区】 适宜广东省等地种植。

【供种单位】 广东省农科院蔬菜研究所。地址:广州市天河区五山路。邮编:510640。电话:020—38469591。

3. 秀美青筋白瓜

【品种来源】 广东省农科院蔬菜研究所育成。

【特征特性】 生长势强,耐热。瓜长30~40厘米,横径4.3厘米,肉厚1.3厘米。瓜条均匀,皮青绿色,有明显绿色纵纹,单瓜重约300克。肉爽脆,品质优。每667平方米产量1500千克。

栽培要点、种植地区、供种单位同美丰1号蒲瓜。

4. 早春1号长瓠

【品种来源】 湖北省咸宁市蔬菜科技中心育成的极早熟瓠瓜品种。

【特征特性】 植株蔓生,生长势强,主侧蔓同时结瓜,以侧蔓结瓜为主。瓜长棒形,长55厘米,横径6厘米,单瓜重600克。嫩瓜表皮绿白色,肉质细密脆嫩,味甜。抗病高产,每667平方米产量3500千克。

【栽培要点】 长江流域在1~2月播种,3月下旬利用地热线育苗,秋播7月中下旬育苗,苗龄25天左右。春播每667平方米栽苗1800株,秋播2500株。6~10叶摘心。

【种植地区】 适宜长江流域和北方温室栽培。

【供种单位】 湖北省咸宁市蔬菜科技中心。地址:咸宁市咸安区西河桥18号。邮编:437000。电话:0715—8325210。

5. 早春2号短瓠

【品种来源】 湖北省咸宁市蔬菜科技中心育成的早熟瓠瓜一代杂种。

【特征特性】 植株蔓生,生长势较强,分枝能力强,侧蔓结瓜。

瓜长28厘米，横径6厘米，单瓜重500克。瓜皮青绿色，肉质脆嫩，商品性好。耐寒耐热，抗病性强。

【栽培要点】 长江流域于2~3月育苗，保护地栽培在3月上旬定植，露地栽培在3月中下旬定植。一般搭人字架栽培，北方雨少地区也可爬地栽培。春播每667平方米栽苗1600~1800株，夏秋播栽苗2200株。10片叶时摘心。也可采用主蔓上架，选上架后的侧蔓结瓜。及时摘除弱枝和畸形果，疏去多余的雄花。

【种植地区】 适宜湖北、广东、广西、海南等省、自治区栽培。

【供种单位】 同早春1号长瓠。

6. 早春3号圆瓠

【品种来源】 湖北省咸宁市蔬菜科技中心育成的极早熟瓠瓜一代杂种。

【特征特性】 植株蔓生，生长势旺盛。叶绿色，近心脏形。主蔓第三至第四节结瓜，侧枝第一至第二节结瓜。果实圆形，长12厘米，横径15厘米，果皮绿色，有光泽，口感脆嫩，品质好。单瓜重550克。较耐寒，耐热。每667平方米产量4500千克。

【栽培要点】 长江流域一般在2~3月播种，利用大棚育苗，3月定植。7~10叶时摘心。双蔓上架，一般采用人字架栽培，也可用棚架栽培。每667平方米栽苗1800株。施足底肥，及时追肥。

【种植地区】 适宜长江流域及以北地区早春露地栽培和冬春保护地栽培。

【供种单位】 同早春1号长瓠。

7. 永乐瓠瓜

【品种来源】 厦门市农友种苗(中国)有限公司育成。

【特征特性】 早熟，结果多。生长势强，耐白粉病和蔓枯病。一年四季都可结果。瓜形端正，大小整齐，长约18厘米，横径约9

厘米,单瓜重约800克。皮白绿色,细嫩甜美,品质好。不易老化,耐贮运。

【栽培要点】 施足底肥,结瓜期加强肥水供应,及时采收。注意防治病虫害。

【种植地区】 适宜福建省等地种植。

【供种单位】 农友种苗(中国)有限公司。地址:福建省厦门市枋湖东路705号。邮编:361009。电话:0592—5786386。

8. 长乐瓠瓜

【品种来源】 厦门市农友种苗(中国)有限公司育成。

【特征特性】 早熟。植株生长势强,耐白粉病。雌花发生多,结果力强,结果数多。商品瓜皮淡绿色至白绿色,长30厘米,单瓜重750~900克,肉质细嫩。

【栽培要点】 同永乐瓠瓜。

【种植地区】 适宜福建省等地种植。我国中南部地区采用保护设施可以周年栽培。

【供种单位】 同永乐瓠瓜。

9. 青玉瓠瓜

【品种来源】 武汉市汉龙种苗有限责任公司育成。

【特征特性】 特早熟。商品瓜深绿色,瓜长50厘米左右,横径4.5~5厘米,单瓜重0.5~1千克。每667平方米产量3500千克左右。

【栽培要点】 长江流域一般在2~3月播种,利用大棚育苗,3月定植。

【种植地区】 适宜湖北省等地温室、大棚等保护地栽培。

【供种单位】 武汉市汉龙种苗有限责任公司。地址:武汉市武昌张家湾武汉市农科院。邮编:430065。电话:027—88112334。

术 16.00元
塑料棚温室蔬菜病虫害防治 5.00元
棚室蔬菜病虫害防治 3.50元
北方日光温室建造及配套设施 6.50元
南方蔬菜反季节栽培设施与建造 6.00元
保护地设施类型与建造 9.00元
保护地蔬菜病虫害防治 11.50元
保护地蔬菜生产经营 16.00元
保护地害虫天敌的生产与应用 6.50元
蔬菜害虫生物防治 12.00元
新编蔬菜病虫害防治手册(第二版) 9.00元
蔬菜优质高产栽培技术120问 5.00元
商品蔬菜高效生产巧安排 4.00元
果蔬贮藏保鲜技术 4.50元
大白菜高产栽培(修订版) 3.50元
南方白菜类蔬菜反季节栽培 6.00元
紫苏菠菜大白菜出口标准与生产技术 11.50元
萝卜高产栽培(修订版) 4.00元
牛蒡萝卜胡萝卜出口标准与生产技术 7.00元
萝卜胡萝卜无公害高效栽培 7.00元
根菜叶菜薯芋类蔬菜施肥技术 5.50元
南方瓜类蔬菜反季节栽培 8.50元
黄瓜高产栽培(第二版) 5.00元
黄瓜保护地栽培 7.00元
大棚日光温室黄瓜栽培 7.00元
黄瓜病虫害防治新技术 2.50元
黄瓜无公害高效栽培 9.00元
冬瓜南瓜苦瓜高产栽培 5.00元
冬瓜保护地栽培 4.00元
冬瓜佛手瓜无公害高效栽培 8.50元
无刺黄瓜优质高产栽培技术 5.50元
苦瓜优质高产栽培 7.00元
茼蒿蕹菜无公害高效栽培 6.50元
苦瓜丝瓜无公害高效栽培 7.50元
甜瓜无公害高效栽培 8.50元
南瓜栽培新技术 6.00元
西葫芦与佛手瓜高效益栽培技术 3.50元
苦瓜丝瓜佛手瓜保护地栽培 3.50元
西葫芦保护地栽培技术 5.00元
西葫芦保护地栽培 4.00元
西葫芦南瓜无公害高效栽培 8.00元
越瓜菜瓜栽培技术 4.00元
精品瓜优质高效栽培技术 7.50元

瓜类蔬菜周年生产技术　14.00元
瓜类蔬菜病虫害诊断与防治原色图谱　45.00元
茄子高产栽培　2.00元
茄子保护地栽培　4.50元
茄子无公害高效栽培　9.50元
茄果类蔬菜良种引种指导　19.00元
番茄无公害高效栽培　8.00元
番茄优质高产栽培法（第二版）　4.90元
番茄实用栽培技术　3.00元
番茄保护地栽培　6.00元
西红柿优质高产新技术　3.50元
番茄病虫害防治新技术　5.00元
樱桃番茄优质高产栽培技术　6.00元
辣椒茄子病虫害防治新技术　3.00元
新编辣椒病虫害防治　5.50元
辣椒高产栽培(第二版)　4.00元
辣椒保护地栽培　4.50元
辣椒无公害高效栽培　7.50元
彩色辣椒优质高产栽培技术　4.50元
葱蒜类蔬菜周年生产技术　15.00元
葱姜蒜出口标准与生产技术　9.50元
葱蒜类蔬菜病虫害诊断与防治原色图谱　14.00元
茄果类蔬菜病虫害诊断与防治原色图谱　34.00元
茄果类蔬菜周年生产技术　10.00元
南方茄果类蔬菜反季节栽培　9.00元
葱蒜茄果类蔬菜施肥技术　3.50元
茄果类蔬菜嫁接技术　3.50元
甘蓝(包菜、圆白菜)栽培技术　2.40元
甘蓝类蔬菜良种引种指导　9.00元
甘蓝类蔬菜周年生产技术　6.50元
南方甘蓝类蔬菜反季节栽培　6.50元
结球甘蓝花椰菜青花菜栽培技术　3.00元
甘蓝花椰菜保护地栽培　6.00元
甘蓝花椰菜无公害高效栽培　9.00元
绿菜花高效栽培技术　2.50元
白菜类蔬菜良种引种指导　15.00元
白菜甘蓝病虫害防治新技术　3.70元

以上图书由全国各地新华书店经销。凡向本社邮购图书者，另加10%邮挂费。书价如有变动，多退少补。邮购地址：北京太平路5号金盾出版社发行部，联系人徐玉珏，邮政编码100036，电话66886188。